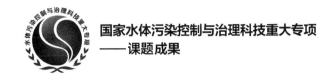

国家水体污染控制与治理科技重大专项
——课题成果

城市供水水质监控网络构建
关键技术研究与应用

边 际 牛 晗 等著

中国建筑工业出版社

图书在版编目（CIP）数据

城市供水水质监控网络构建关键技术研究与应用 /
边际等著. — 北京：中国建筑工业出版社，2022.4
ISBN 978-7-112-28293-7

Ⅰ. ①城… Ⅱ. ①边… Ⅲ. ①城市供水–水质监测–
研究 Ⅳ. ①TU991.21

中国版本图书馆 CIP 数据核字（2022）第 243967 号

本书共 7 章，第 1 章"绪论"主要介绍了课题的研究背景等，第 2 章阐述了从供水系统信息源采集到城市、省、国家三级供水水质监控网络构建的关键技术，第 3 章～第 5 章分述了对水质在线监测、水质实验室检测和应急（移动）检测等 3 类水质数据的采集与传输的实现方式，第 6 章重点叙述了有关城镇供水管理信息系统的基础信息分类与编码、供水水质指标分类与编码、数据交换格式与传输要求的标准化成果，第 7 章展示了课题集成成果："城市供水水质监测预警系统技术平台"的示范应用情况。

责任编辑：石枫华
责任校对：张惠雯

城市供水水质监控网络构建
关键技术研究与应用
边 际 牛 晗 等著
*
中国建筑工业出版社出版、发行（北京海淀三里河路 9 号）
各地新华书店、建筑书店经销
北京鸿文瀚海文化传媒有限公司制版
天津翔远印刷有限公司印刷
*
开本：787 毫米×1092 毫米 1/16 印张：14¼ 字数：323 千字
2023 年 4 月第一版 2023 年 4 月第一次印刷
定价：**88.00** 元
ISBN 978-7-112-28293-7
（40745）

本书编写组

主　　　编：边　际　牛　晗

撰　写　人　员：边　际　牛　晗　宋兰合　耿艳妍　韩　超　陈家全

　　　　　　　　马中雨　戴吉胜　周洪亮　黄平捷　侯迪波　王　剀

　　　　　　　　张光新　陈兴厅　赵伟全　黄　健　祝　成　杨柳忠

　　　　　　　　梁　涛　马雯爽　张晓亮　刘　偲　秦海春

本书执行主编：边　际　牛　晗　耿艳妍　韩　超

本书责任审稿：宋兰合

序

　　水体污染控制与治理国家科技重大专项（以下简称"水专项"）是根据《国家中长期科学和技术发展规划纲要（2006—2020年）》确定的16个国家科技重大专项之一。水专项根据"自主创新、重点跨越、支撑发展、引领未来"的指导方针，按照"控源减排、减负修复、综合调控"三步走的战略部署实施。水专项针对系统性的水污染问题和科技发展需求，研究构建了多层级体系化的技术成果，包括水污染控制、水环境管理和饮用水安全保障等三个技术体系及其八项重大标志性成果。其中，饮用水安全保障技术体系又包括多级屏障工程技术、多维协同管理技术和关键材料设备制造技术等三个技术系统，而在饮用水安全多维协同管理技术中，又细分为运行管理技术、安全监管技术和应急救援技术等。

　　本书是水专项"三级水质监控网络构建关键技术研究与示范"课题成果的总结和凝练，是饮用水安全监管技术的组成部分，属于安全监管的基础性技术内容，主要包括三级水质监控网络框架构建技术、在线监测信息采集与传输技术、实验室数据采集与传输技术、应急（移动）检测数据采集与传输技术等。本书反映了"十一五"期间三级水质监控网络构建技术的最新进展，相关成果在"十二五"期间得到初步推广应用。这是一项重要的基础性工作，具有一定的探索性，虽然很难但很有意义。我愿借此机会分享三点感受。

　　一是饮用水安全是人类生存的必要条件，供水作为关系基本民生的公用事业，各国政府都很重视。许多国家都是由政府直接提供服务的，或者由政府采用特许方式委托企业经营，但供水安全的终极责任无不归结于政府。最为典型的是在撒切尔首相极力推行私有化时期的英国，也没有放弃政府对饮用水安全的责任，他们设置了饮用水水质督察署（DWI）等3个监管机构，通过政府职能转变和监管机制的调整，以监管保证了市场化背景下政府的履责。他山之石可以攻玉，国际经验值得借鉴。

　　二是在我国供水行业改革不断深化背景下，加强饮用水的政府监管更有其必要性和迫切性。这主要是由于城市供水的自然垄断性和在现阶段所具有的一定程度的地区垄断性使然。自然垄断性，是由饮用水水源稀缺、供水管网唯一和供水产品日常必须所决定。城市供水的自然垄断和一定程度的地区垄断，使供水企业获得一定市场支配地位，为此必须加强政府监管，以避免少数供水企业滥用市场支配地位获取不当利益，特别要杜绝降低服务质量、牺牲供水安全等严重损害人民群众利益的现象。

　　三是加强饮用水安全监管是一项复杂的系统工程，需要监管理论指导和基础性的技术支持。国家水专项的启动实施，为开展相关研究提供了机会，而饮用水主题的研究目标之一，就是构建饮用水安全保障的监管技术体系。然而，加强城市供水政府监管却是一个技术含量很高、操作难度很大的系统性工程，涉及监管制度设计、信息披露机制、政企分工协调等保障措施问题，特别是基础信息采集、传输、交互、多元异构数据整合、数据质量保证等技术支撑，以及平台建设和业务化应用问题。课题成果创新实现城市供水基础信息分类与编码规则、供水水质指标分类与编码、数据交换格式与传输要求的标准化，填补了建设标准体系中城市供水行业信息化标准空白，首次建成覆盖全国城镇的水质数据及其相关信息的国家城市供水水质数据库，提升了城市供水监管的信息化水平和技术支撑能力。

课题组的同仁们经过艰难探索和不懈努力，取得了令人欣慰的成果。在本书即将付梓之际，特此表示衷心祝贺。同时，也向水专项的各级领导和所有为此做出贡献的专家学者表示衷心感谢！

国际欧亚科学院院士
国家水体污染控制与治理重大科技专项技术副总师
中国城市规划设计研究员原党委书记、副院长

2022 年 9 月 26 日

前　言

国务院 2007 年批准实施的水专项，包含湖泊、河流、城市、饮用水、监控预警和战略政策 6 个主题，其中饮用水主题立项实施了 7 个项目，共 45 个课题。本书是水专项"饮用水水质监控预警及应急技术研究与示范"项目"三级水质监控网络构建关键技术研究与示范"（课题编号：2008ZX07420-002）课题成果的总结凝练。

近 20 年来，城市供水行业在信息化建设方面明显处于弱势状态。课题立项之初，供水企业上报水质数据基本靠邮递纸质材料，只有极少数有条件的可以通过互联网以 Excel 文件报送，信息孤岛问题十分突出，严重影响城市供水安全管理。课题围绕国家、地方和供水企业供水安全监管能力建设中的基础性科技需求，取得了如下主要创新性技术成果：

（1）研发基于物联网的在线监测与数采仪集成联用的通信安全协议，建立系统安全策略，实现了数据采集设备远程无人值守工况下水质监测设备校验、水质复测和水质样品备份等监测数据质量智能化控制，解决了互联网环境下数据传输中的数据安全、系统安全和信息保密的技术难点。

（2）研发基于 Web Service 技术的数据交换接口，建立城市供水系统基础信息及管理信息指标体系和信息编码解码规则，形成城市供水多元异构数据采集和融汇技术，解决了跨业务、跨系统、跨部门情景下数据格式异构、体系异构、逻辑异构和空间异构等技术难点，实现了基于业务打通需求的基础信息和水质数据的多源采集、分级传输、数据交换和信息共享。

（3）攻克针对城市供水行业体制性信息孤岛的水质监控业务系统构建关键技术，创新采用适合城市供水行业管理体制特点的集中部署与分布部署相结合的系统构建模式，通过建立统一身份认证体系，实现了业务应用与信息处理相分离、近乎"零成本"整合城市供水行业信息系统和支持多层级多用户同时应用。

课题集成所属项目有关监测预警、水质督察和信息可视化等技术，建设了"城市供水水质监测预警系统技术平台"，用于国家城市供水水质监测网水质信息管理，成为住房和城乡建设部实施全国城市供水水质督察、36 个重点城市（直辖市、计划单列市、省会城市）水质上报和汇总分析的业务平台，同时在山东省/济南市、杭州市、东莞市等地示范应用，对当地城市供水安全管理发挥了重要作用。

本书共 7 章，第 1 章"绪论"主要介绍了课题的研究背景等，第 2 章阐述了从供水系统信息源采集到城市、省、国家三级供水水质监控网络构建的关键技术，第 3 章～第 5 章分述了对水质在线监测、水质实验室检测和应急（移动）检测等 3 类水质数据的采集与传输的实现方式，第 6 章重点叙述了有关城镇供水管理信息系统的基础信息分类与编码、供水水质指标分类与编码、数据交换格式与传输要求的标准化成果，第 7 章展示了课题集成成果："城市供水水质监测预警系统技术平台"的示范应用情况。

课题研究实施过程中得到了住房和城乡建设部水专项办公室、饮用水主题专家组的大力支持，得到了监控预警项目相关课题研究、示范应用单位及其相关人员的密切配合，本书编写还得到水专项技术副总师邵益生同志的亲自指导，在此一并表示衷心感谢。

全书由边际、牛晗负责组织撰写、定稿和审阅，各章节主要撰写人员：第 1 章，边际、牛晗、耿艳妍、韩超、梁涛、祝成；第 2 章，边际、牛晗、宋兰合、耿艳妍、韩超、祝成；第 3 章，牛晗、边际、耿艳妍、韩超、陈家全、马中雨、戴吉胜、祝成；第 4 章，耿艳妍、边际、牛晗、韩超；第 5 章，韩超、边际、牛晗、耿艳妍、马中雨、戴吉胜；第 6 章，边际、牛晗、耿艳妍、韩超、马中雨、周洪亮、黄健、张晓亮、黄平捷、陈兴厅；第 7 章，边际、牛晗、耿艳妍、宋兰合、韩超、马雯爽、陈家全、戴吉胜、周洪亮、祝成、王剀、黄平捷、侯迪波、张光新、黄健、杨柳忠、张晓亮、陈兴厅、赵伟全、刘偲、秦海春。

限于学识水平和实践经验，书中不足之处在所难免，敬请广大读者批评指正。

边 际 牛 晗

2022 年 4 月

目　录

第 1 章　绪论

1.1　研究背景

20 世纪 80 年代以来，随着我国工业化和城镇化加速推进，城市供水安全压力越来越大，设施型缺水、资源型缺水、污染型缺水接踵而来，并逐渐呈现出以水资源短缺为背景的污染型为主的复合型缺水。这种情况的产生原因是，首先，因为水资源短缺，开发程度过高，生态环境需水受到挤压，水环境纳污能力下降，饮用水水源水质下降；其次，因为水资源短缺，大部分饮用水水源承载着多种功能，水体呈开放状态，突发性污染频发。

2006 年，我国发布施行《生活饮用水卫生标准》（GB 5749-2006）。与此前自 1985 年制定以来施行 20 多年的标准相比，2006 版标准大幅度增加了水质指标，并提高了水质限值要求。如此，多年来"历史欠账"的城市供水基础设施总量不足、标准不高、运行管理粗放的问题日益显现，城市供水安全形势十分严峻，同步提升城市供水设施建设和管理水平十分迫切。

面对我国城市饮用水安全面临的严峻形势，国家发展改革委与水利、建设、卫生、环保等部门联合印发《全国城市饮用水安全保障规划（2006—2020）》，将水质监测体系建设工作明确列入建设内容，提出要把"以改善饮用水水质为重点，区分轻重缓急，着力解决水源地排污管理、新水源建设、供水设施改造、监测体系完善、应急预案制定等重点问题"作为规划的一项基本原则。

松花江特大水污染事故发生之后，国家制定了《国家突发公共事件总体应急预案》，许多城市初步建立了供水系统重大事故应急预案。与此同时，地方政府也充分认识到饮用水监测技术研究与监控网络建设是当前重中之重的工作和艰巨任务。部分城市和地区着手城市供水水质预警与响应系统的规划和建设，进而将目光聚焦到供水水质预警系统信息支撑的水质信息源的获取途径，如水源水、出厂水、管网水的在线监测系统的建设。但是，作为支撑各级政府决策的城市供水水质信息通道并不通畅，主要表现在：

（1）城市供水行业信息化发展明显落后于水利、环保等部门，水质在线监控系统建设目的单一，一些城市的供水水质在线监控，主要为供水企业生产调度使用，尚不能为政府部门的监管服务。

（2）2005 年松花江重大水污染事件发生后，为及时掌握突发水污染事件对城市供水水质影响程度，实现应急监控和检测，部分重点城市供水企业开始重视供水水质应急监测能力建设，如购置并组建车载流动实验室，但尚未形成支撑应急处理的有效信息资源。

（3）国家网中心站基本上可以通过网络实现对国家站的上月城市供水水质检测数据的收集和统计分析，每月由国家中心站（建设部城市供水水质监测中心）向建设行政主管部门提交分析报告，但各国家站在上报数据时尚需手工输入数据，效率低、易出错、信息滞后。

（4）地方网各监测站还没有与国家网实现信息传递，因而国家城市供水水质监测网的"两级网三级站"（国家网和地方网，国家网中心站、国家站、地方站）的作用还没有得到有效发挥，信息共享的水平比较低，信息资源利用效率低。

（5）在数据资源的整合方面，由于行政条块分割造成社会数据资源的部门化，使得每个部门的数据都不是完备的，信息孤岛现象十分突出。

（6）水质监测站网缺乏整体规划和统一标准。由于缺乏标准化和规模化，各地水质监测机构都按照自己的要求各自开发自己的系统，造成水质监控系统之间的各种系统难以兼容，大量基础数据资源不能形成价值信息，"有数据无信息"成为行业普遍问题。

1.2　科技需求

自1993年组建"国家城市供水水质监测网"以来，城市供水已基本形成"两级网三级站"（国家网和地方网，国家网中心站、国家站、地方站）的水质监测架构，建立了"企业自检、行业监测和行政监督相结合"的水质监测管理制度，资质认定、队伍建设和设备购置等工作大为加强，综合检测能力明显提高。

"国家城市供水水质监测网"各监测站在履行本供水企业的生产检测任务外，还根据行业的有关规定担负起了行业监测职责，有的已初步开展了行政监测的工作。各国家站每月向建设部城市供水水质监测中心报送水质监测数据，初步形成了全国36个重点城市的水质数据统一管理、分级上传、数据共享。

部分国家站和地方站为加强对本城市供水水质的监测管理，以在线自动分析仪器为核心，运用现代传感器技术、自动测量技术、自动控制技术、计算机应用技术以及相关的专用分析软件和通信网络等技术，建立多参数水质自动监测系统，可以用于水源、出厂水和管网水的水质在线实时连续监测和远程监控。

国家、省、市城市水质监测网络的机构框架基本形成，为推动水质监测网络的建设，需要制定统一的建设规划，建立能够与实验室相互补充的在线检测等其他监测技术及与之相关的制度和规范标准，规范地整合监测技术资源，进一步明确各监测站的职责，形成真正意义上的、全国统一的城市供水水质监测网络，为行业主管部门和各地及时提供准确、全面的水质数据信息支持。

水专项设置课题《三级城市供水水质监控网络构建关键技术研究与示范》（课题编号：2008ZX07420-002），重点是研究建立水质监控网络构建技术体系，包括信息采集、传输、处理和共享技术的工程化集成应用，水质监控网络安全策略，水质监控网络建设标准化等。

1.3　总体目标与研究思路

针对课题实施时城市"三级城市供水水质监控网络"的情况与问题,基于水质检测方法及关键技术研究的成果,通过关键技术研究、技术集成和工程示范,形成国家、省、市三级城市供水水质监控网络构建技术,为各地水质监控网络建设及国家、地方和供水企业实施水质监管提供技术支撑。按照覆盖全国、统一管理、逐步完善、分级运行、资源共享的原则,对水源、净水和输配水的水质实施监控,为及时、准确、全面掌握饮用水水质情况提供实时监测信息支持。构建分布式、网络化、多信源的国家、省、市三级供水水质监控网络的技术方案,初步建成国家级、1个示范省、3个示范市的监控网络框架应用示范工程。

研究提出构建分布式、网络化、多信源的国家、省、市三级城市供水水质监控网络的技术方案并建成示范工程。研究思路是:

(1) 分布式:信息处理与应用终端相对分离,提供异地专业化计算服务和信息调用,支持移动终端设备应用。

(2) 网络化:信息采集、传输、存储、处理和业务应用置于网络化环境,以便利深度融合"互联网+"和"物联网+"。

(3) 多信源:监测网络的基础信息源主要来自城市供水水质管理业务系统的在线监测、实验室检测、应急监测等内生信息,同时也包括与该业务相关的其他业务系统以至其他有关部门的外生信息。

基础信息采集策略:

1) 实时与非实时相结合:在线监测与应急监测数据在三级网络实时传递、实验室检测数据为非实时传递。

2) 规范化:多信源的城市供水水质数据传输接口规范化标准化,进而具备可扩展性。

3) 信息共享:城市供水水质数据在三级网络实现系统内竖向共享,以及在相关业务系统以至有关部门之间实现跨系统横向共享。

4) 可持续性:在线监测点的建设与城市供水企业的生产调度信息共享挂钩,增强基础层用户对监测信息资源的依赖性,使建成的在线监测点的使用具有可持续性。

1.4　技术路线与技术创新

研究重点在于建立国家、省、市三级供水水质监控网络框架,实现城市供水系统从水源到龙头全流程水质数据采集、传输与数据入库。

"十一五"课题实施前,城市供水水质在线监测数据绝大多数仅为供水企业生产服务,信息孤岛特征明显,在供水基础信息方面,政企之间、不同层级供水主管部门之间、国家城市供水水质检测体系"两级网三级站"之间缺乏必要的信息共享,特别是缺乏应急监测数据实时支持。为提高各级政府部门对饮用水水质的监控能力,课题初步构建了国家级、1 个示范省和 3 个示范城市的三级城市供水水质监控网络,并形成城市供水水质监控网络构建与运维技术指南,以便逐步向全国其他省、市扩大应用。

三级城市供水水质监控网络以采集、传输、存储、处理和业务应用水质信息为主,涉及与供水设施、相关的供水能力、净水工艺、应急水源等基础信息问题,不在课题研究范围内,但为达到业务应用目的而随能力建设同步解决。技术路线详见图 1-1。

本项目关键技术是多信源三级城市供水水质监测网络构建技术,由水质在线监测、实验室检测、应急监测等多信源三级城市供水水质监测网络采集技术,分级传输和基于 Web service 技术的异构数据传输技术,数据分类及编码技术,适用于不同情形的水质监测网络组网方式等 4 个技术要点组成,共同形成了国家、省、城市三级供水水质监测网络构建技术体系。本项目具体技术创新如下:

(1)首次解决了 LIMS 系统数据接口开发难点,提出了基于 LIMS 数据接口及 Excel 模板的实验室数据采集与传输技术,提高了城市供水水质实验室检测数据采集效率。

(2)首次建立应急监测设备数据采集与传输规则,采用国际先进的研发技术开发应急监测数据采集与传输通用软件,为应急监控和检测提供技术支持。

(3)首次提出三级城市供水水质监控网络顶层设计,建立国家、省、市及供水水司、水厂、在建项目用户的统一编码规则,支持政府实施监管、支撑数据接口开发。

(4)通过应用国际先进的 Oracle Berkeley Db 数据库搭建实时数据库、基于 Web Service 单点登录技术构建统一的用户认证体系和应用 VPN 隧道技术建立实体平台间数据传输通道,保障数据的可用性、统一性和安全性。

(5)首次提出了城镇供水管理信息系统标准体系,编制了《城镇供水管理信息系统　供水水质指标分类与编码》(CJ/T 474-2015)、《城镇供水管理信息系统　基础信息分类与编码规则》(CJ/T 541-2019),《城镇供水管理信息系统　数据交换格式与传输要求》(报批稿)。国外相关标准主要聚焦于在线水质监测系统,并仅局限于对独立监测系统的认知,对于实时与非实时数据的跨平台传输交换未涉及,因此城镇供水管理信息系统标准体系的建立使得供水行业标准更全面,有助于打破信息孤岛,实现数据共享、大数据应用,填补了供水行业信息化建设标准的空白。

(6)首次提出构建全国城市供水水质监控网络的规范化建设和运行管理的建议,以及指导性文件《城市供水水质监控网络建设发展规划建议》《城市供水水质监控网络构建技术与运维技术指南》。

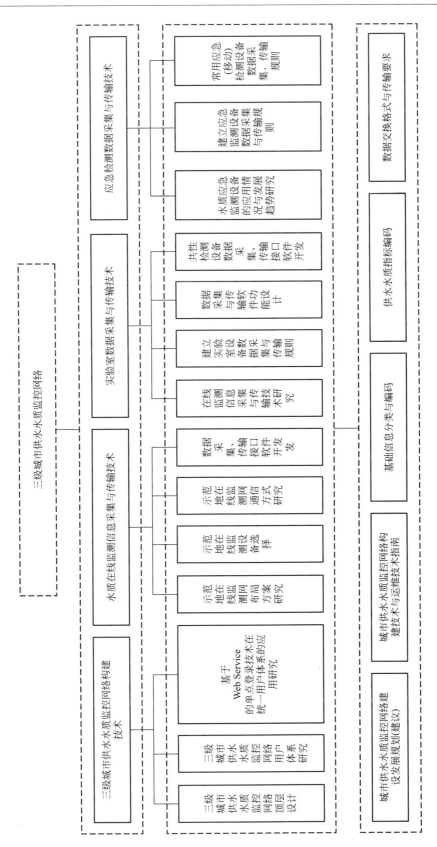

图 1-1 技术路线示意图

5

1.5　成果应用

研究成果在建设部城市供水水质监测中心、山东省及济南市（省市两级协同建设）、杭州市（省域水环境综合治理重点区域）、东莞市（区域城乡供水一体化）得到了应用，并在河北省、河南省、内蒙古自治区等地和企事业单位得到了推广应用。

（1）本项目的实施建立了国家、省、市三级供水水质监控网络框架，为城市供水从"源头"到"龙头"全流程水质监控提供基础数据，建立从中央到地方多层级水质监管，推动全国覆盖到县城的城市供水水质管理信息化建设，指导地方自建系统的建设，并接入国家系统，建成一个可推广、可复制、可持续发展的城市供水水质三级监控网络。

（2）山东省省级城市供水水质监控网络的构建为山东省城市供水主管部门掌握城市供水基础信息、供水水质变化等提供了信息化工具；在城市供水安全保障中发挥了作用，如利用鹊山水库硅藻监控数据为预测水华事件提供了依据，及时将污染事件消灭在萌芽之中；出色完成了第十一届全运会期间供水安全保障任务。

（3）东莞市市级城市饮用水水质监控网络的建设应用，建立了从水源到龙头重点污染物全流程监测和预警技术体系，提高了东莞市水资源利用效率和供水系统的应急响应能力，为全面推进"放心水"工程建设提供了相关支撑，为城市供水安全提供了有力保障，推进东莞市城市供水水质在线监测网的建设进入有序发展，社会效益显著。

（4）杭州市市级城市供水水质监控网络的建设应用，实现了多部门的信息共享，减少了在线监测站点的重复建设，降低了水质在线监测网络的建设成本。

（5）项目成果"全国城市供水管理信息系统 V2.0"在"十二五"水专项课题中进行了推广应用，在实施过程中进行了移植或功能拓展，分别为河北省、河南省城市供水水质管理提供技术支撑。

（6）项目产出的两个行业标准在全国范围内进行了推广应用，对推动全国覆盖到县城的城市供水管理信息化建设，规范基础信息、打破信息孤岛，实现数据共享具有重要意义。

第2章 三级城市供水水质监控网络构建技术

2.1 技术研究基础

2.1.1 数据采集网的组网方式

根据调研情况，国家环境监测网的实验室检测数据采集上报采用 VPN 虚拟专网的方式，水利部三防系统和原国土资源部行业管理信息系统因建设起步较早而建立了专网，由此形成了网络数据上报的多级信息网络系统。

由于国家正逐步建设覆盖全国的政务外网，已不支持专网建设，但三级城市供水水质监控网络在城市层面采集的信息源为城市供水主管部门、水司、水厂，用户数量庞大、覆盖范围广，大多数用户不具备登录政务外网的条件。因此，其他涉水部门的组网方式不能直接引进。

总的来说，国内涉水行业的数据采集网络建设，建设时间不同，采用的技术要求和管理方式也存在差异，因此，城市供水水质监控网络的建设仍需在研究与实践中完善。

2.1.2 多软件系统的平台集成技术

单点登录（Single Sign On），简称为 SSO，是比较流行的企业业务整合的解决方案之一。可以在企业多个应用系统中，用户只需要登录一次就可以访问所有相互信任的应用系统。

研究开发的数据采集模块需要在示范地进行平台集成，因此，单点登录技术可在示范地平台集成中借鉴使用。

2.2 三级城市供水水质监控网络顶层设计

2.2.1 三级城市供水水质网络框架

为满足国家网中心站、省网中心站数据收集与统计分析的需求，同时结合省级城市水质信息管理系统建设现状，实现分级管理与分级上报功能（图 2-1）。

仅在国家中心站设立实体监控中心，省、市两级不设实体监控中心。各城市按要求上报数据，省、市两级监控中心按权限登陆国家中心站获取数据，进行统计分析。

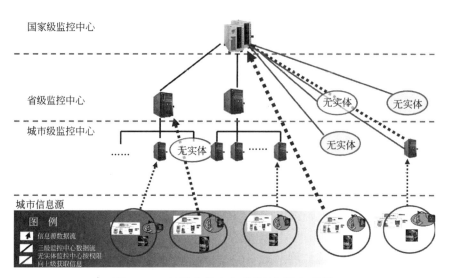

图 2-1　三级城市供水水质监控网络拓扑图

在国家中心站设立实体监控中心的基础上，逐步建立省级实体监控中心。省级监控中心按规定接收市县各供水单位的月水质数据，同时按规定向国家级监控中心上报数据。无实体的省、市两级监控中心按权限登陆国家中心站获取数据。

综上所述，对于城市级监控中心，可以监管城市范围内的在线监测点和数据上报网（非实时），在未建立具有软硬件设施的实体监控中心时，可以通过上级的监控网络（省级或国家级）监控城市范围内的水质数据；对于省级监控中心，可以监管省域范围内的在线监测点和数据上报网（非实时），在未建立具有软硬件设施的实体监控中心时，可以通过上级的监控网络（国家级）监控本省范围内的水质数据；对于国家级监控中心，可以监管全国范围内的在线监测点和数据上报网（非实时），可以查看已建省或城市的供水水质预警系统运转状况（图 2-2）。

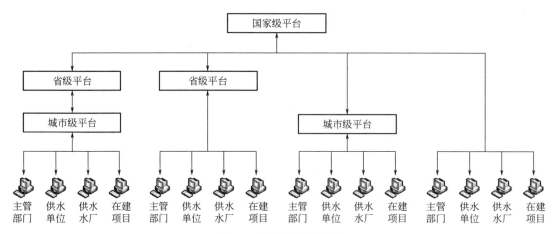

图 2-2　数据传输示意图

2.2.2 三级城市供水水质监控网络用户体系研究

2.2.2.1 用户分级

三级城市供水水质监控网络的用户从信息的管理和查询范围出发，分为以下级别：

（1）国家级用户：信息管理和查询范围为全国范围，可以选择任意省、市进行信息查询；

（2）省级用户：信息管理和查询范围为本省范围，可以选择所在省的全部城市、指定市进行信息查询；

（3）城市级用户：信息管理和查询范围为本市范围，可以选择全市或指定水司进行信息查询；

（4）水司级用户：信息管理和查询范围为本水司范围，可以选择水司范围内任意水厂进行信息查询；

（5）水厂级用户：仅能查阅本水厂的相关数据；

（6）项目级用户（在建项目）：仅能查阅和管理与本项目相关的信息。

其中，水司级、水厂级、项目级用户属于城市范畴，为三级城市供水水质监控网络的信息源。

2.2.2.2 用户分类

三级城市供水水质监控网络从用户角色——权限配置出发，将用户分为以下类别：

（1）管理用户：为所辖范围内具有管理权限的用户，可以创建和删除用户，修改权限范围内的相关信息；

（2）高级用户（查询）：仅具有在所辖范围内信息查询的权限；

（3）城市用户：城市级基础信息上报的用户，同时具备城市范围内信息查询的权限；

（4）水司用户：城市供水水司基础信息和水质信息上报的用户，同时具备水司范围内信息查询的权限；

（5）水厂用户：城市供水水厂基础信息、月供水量、月耗电量、日检水质指标月统计数据上报的用户，同时具备水厂范围内信息查询的权限；

（6）项目用户（在建项目）：城市供水在建项目，包括水厂改造、新建水厂、供水管网改造、新建管网项目等的数据上报，同时具备项目范围内信息查询的权限。

2.2.2.3 用户分级与分类的组合

由用户分级、分类可以得出不同用户级别的可能用户分类见表2-1所示。

由用户分级、分类可认得出不同用户级别的可能用户分类　　　　　　　　　表2-1

	管理用户	高级用户（查询）	城市用户	水司用户	水厂用户	项目用户
国家级用户						
省级用户						

续表

	管理用户	高级用户（查询）	城市用户	水司用户	水厂用户	项目用户
城市级用户	■■	■■				
水司用户				■■		
水厂级用户					■■	
项目级用户						■■

2.2.2.4　三级城市供水水质监控网络中各级、各类用户的创建

根据三级城市供水水质监控网络的数据管理需求，设计不同级别、不同用户类型的创建权限（图 2-3）。

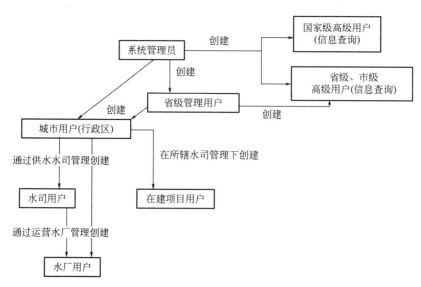

图 2-3　系统的用户树结构

（1）省级用户的创建与功能

省级管理用户可以布局本级的管理用户、高级用户。省级管理用户和高级用户的功能区别见表 2-2。

省级管理用户，由国家中心站创建。

省级管理用户和高级用户的功能区别　　　　　　　　　　　　　　　表 2-2

用户权限	省级管理用户	省级高级用户
填报信息	可以	仅具有查询功能
供水水司管理	可增加水司、水厂，并填写或修改水司基础信息	
填报水厂	不可	
创建用户	管理用户、高级用户、城市用户	

（2）城市级用户的创建与功能

城市级管理用户，可以由国家中心站统一创建，也可以由省级管理用户创建。城市级管理用户可以布局本级的管理用户、高级用户，也可以布局所辖范围的水司、项目各类各级用户。城市级管理用户、城市用户和高级用户的功能区别见表2-3。

城市级管理用户、城市用户和高级用户的功能区别 表 2-3

用户权限	城市级管理用户	城市级城市用户	城市级高级用户
填报城市信息	不可	需填报主管部门信息，城市供水的整体信息	仅具有查询功能
填报水司	可增加水司及下属水厂，并填写基础信息	可增加水司及下属水厂，并填写基础信息	
创建用户	管理用户、高级用户、城市用户、水司用户、项目用户	水司用户、水厂用户、项目用户	

（3）水司用户的创建与功能

水司用户的创建由城市级管理用户或城市用户创建。水司用户的总体功能是管理所辖水厂（创建水厂用户），上报水司级相关数据。

2.2.3 网上数据审核

为确保水质上报信息审核的及时、准确，体现"谁审核，谁负责"的原则，系统采用水质上报数据的逐级审核与流转。为保证数据接收的及时性，系统设计允许未经审核的数据先期入库，更高级管理者可以提前看到上报数据，同时可根据审核状态使用和分析数据，审核后的报告编辑功能被锁定。

2.2.3.1 市级供水主管部门的核审工作

市级供水主管部门对所辖行政区内供水企业、供水厂的报送信息进行网上核审工作（图2-4）。

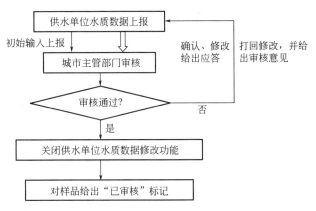

图 2-4 市级主管部门对水司上报数据的审核流程

设计要点：

（1）"市级审核与应答页面"是市级供水主管部门与水司供水水质上报部门的对话窗口。

（2）当市级供水主管部门点击"已审核"后，水司的上报数据页面的修改功能被锁定（变灰），即不能再修改数据；当选择点击"打回修改"后，水司的上报数据页面的修改功能被保留，但删除功能被锁定。

（3）水司用户在"市级审核与应答页面"可选择的按钮有"提交"或"返回"。当对市级供水主管部门审核提出问题进行应答后，应选择"提交"按钮，否则应选择"返回"按钮。

（4）可以采用鼠标滑过省级审核状态，从文本框中直接读取"省级审核与应答页面"的内容，了解上级主管部门的意见。

2.2.3.2　省级供水主管部门的核审工作

根据城市供水信息报告管理有关要求，省、自治区住房和城乡建设主管部门、直辖市供水主管部门于每月 20 日前，完成对所辖行政区内城市供水主管部门报送和核审信息的核审工作。经省、自治区住房和城乡建设主管部门、直辖市供水主管部门核审后报送的信息，信息报送单位不得再更改；如需更改，应由省、自治区住房和城乡建设主管部门、直辖市供水主管部门向住房城乡建设部报告，经住房和城乡建设部核查批准后方可改动（图2-5）。

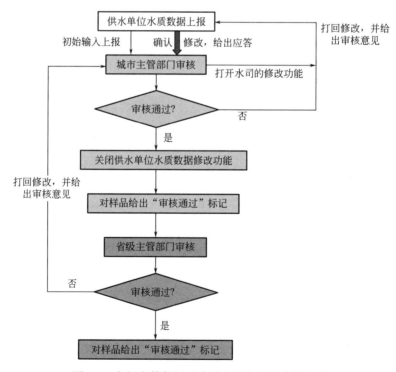

图 2-5　省级主管部门对水司上报数据的审核流程

设计要点：可以采用鼠标滑过市级审核状态，从文本框中直接读取"市级审核与应答页面"的内容，提高审核效率。

2.2.3.3 国家级供水主管部门对核审工作的查看

国家级供水主管部门的信息查询用户，可以通过点击系统菜单进入全国城市各水司水质月（年）检样品列表界面，直接了解各级城市供水主管部门实施审核的工作进展。同时，采用鼠标滑过省、市级审核状态，从文本框中直接读取"省、市级审核与应答页面"的内容，及时掌握审核动态。

国家级供水主管部门的管理用户，负责执行住房和城乡建设部核查批准后对有关水质数据的更正。

2.2.4 水司水厂用户编码规则

建立城市供水水司与水厂的编码规则，是为了能够让任何一个水司、水厂均可以成为网络的用户，并保证它的编码在全国范围内的唯一性，便于实施三级城市供水水质监管网络管理时分行政区、分水司以及分水厂进行管理，进而支持相应的统计分析、数据的分类调取。

2.2.4.1 编码结构

水司、水厂编码包含：用户大类 1 位、行政区编码 6 位、城市水司 2 位、城市水厂 2 位、共 11 位，其结构如下：

× ×××××× ×× ××

2.2.4.2 编码方法

用户大类（1 位）：运行类代码为 1，在建类代码为 2。

行政区编码（6 位）：行政区编码采用《中华人民共和国行政区划代码》（GB/T 2260-2007）（图 2-6）。

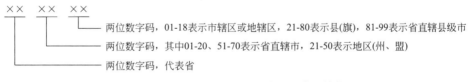

图 2-6 县级及县级以上行政区划代码结构

当系统运行范围扩展到乡级时，将采用现行国家标准《县级以下行政区划代码编制规则》（GB/T 10114），进行代码扩充。

水司编码（2 位）：水司编码为城市供水水司的顺序码。

水厂编码（2 位）：水厂编码为对应城市供水水司的下属水厂顺序码。

2.2.5 城镇供水管理基础信息编码规则

2.2.5.1 编码结构

基础信息编码由大类码、中类码和小类码构成，其中，大类码由 1 位大写字母构成，取值范围 A～Z；中类码由 2 位数字构成，取值范围 01～99；小类码由 3 位数字构成，取值范围 001～999（图 2-7）。

图 2-7　基础信息编码结构

2.2.5.2　基础信息分类码

（1）大类码

基础信息的大类划分是按信息的时间特征分为年度信息（见表 2-4 中大类码 A～D）、月与日的动态信息（见表 2-4 中大类码 E～G）以及突发事件信息（见表 2-4 中大类码 H）三种，共分为 8 大类，各大类码与中文名称见表 2-4。

基础信息大类与中文名称　　　　　　　　　　　　表 2-4

大类码	中文名称
A	城镇供水基础信息
B	供水单位基础信息
C	供水水厂基础信息
D	供水设施在建、规划拟建项目基础信息
E	供水单位月供水水量、水压、水质动态信息
F	供水水厂水质和生产日、月动态信息
G	供水设施在建项目季报信息
H	供水突发水质事件快报信息

（2）中类码

1）城镇供水基础信息

城镇供水基础信息（大类码 A）按管理内容分为 12 个中类，各中类码与中文名称见表 2-5。

城镇供水基础信息中类码与中文名称　　　　　　　　　表 2-5

中类码	中文名称
01	城镇供水行政主管部门基本情况
02	城镇供水行政主管部门联系人信息
03	城镇人口和用地
04	城镇供水单位汇总信息
05	城镇年供水量（全社会）
06	城镇年用水量（全社会）

中类码	中文名称
07	城镇公共供水年售水量
08	城镇二次供水管理情况
09	城镇节约用水
10	城镇应急供水工程基础信息
11	城镇供水设施维护建设资金(财政性资金)收支
12	按资金来源分市政公用设施建设(供水)固定资产投资

2）供水单位基础信息

供水单位基础信息（大类码 B）按管理内容分为 28 个中类，各中类码与中文名称见表 2-6。

供水单位基础信息中类码与中文名称　　　　　　　表 2-6

中类码	中文名称
01	供水单位基本情况
02	供水单位联系方式
03	供水单位资产结构
04	供水设施基础情况
05	运营情况
06	分类用水量与用水户数
07	$\Phi75mm$ 以上供水管道长度(按材质分类统计)
08	取水管道长度(按材质分类统计)
09	供水(管网)服务指标
10	供水生产经营管理
11	供水财务经济
12	供水价格
13	应急供水信息
14	水质检测部门资质信息
15	水质检测部门(中心)联系方式
16	水质检测部门人员
17	水质在线监测布局信息
18	水质人工采样检测布局
19	地表水源水水质在线监测点建设信息
20	地下水源水水质在线监测点建设信息
21	出厂水水质在线监测点建设信息
22	管网水水质在线监测点建设信息
23	水质在线监测设备基础信息
24	供水压力在线监测点建设信息

中类码	中文名称
25	供水流量在线监测点建设信息
26	用户水表数
27	客户服务
28	生产运营信息化

3）供水水厂基础信息

供水水厂基础信息（大类码 C）按管理内容分为 11 个中类，各中类码与中文名称见表 2-7。

供水水厂基础信息中类码与中文名称　　表 2-7

中类码	中文名称
01	水厂信息与联系方式
02	水厂水源地
03	水厂规模
04	地表水水厂净水工艺
05	地下水水厂净水工艺
06	水厂水质在线监测布局信息
07	水厂实验室实际检测项目
08	水厂班组工艺检测项目
09	水厂应急供水能力
10	水厂安全管理信息
11	水厂预警和应急演练信息

4）供水设施在建、规划拟建项目基础信息

供水设施在建、规划拟建项目基础信息（大类码 D）按管理内容分为 9 个中类，各中类码与中文名称见表 2-8。

供水设施在建、规划拟建项目基础信息中类码与中文名称　　表 2-8

中类码	中文名称
01	项目基本情况
02	投资情况
03	项目设计情况
04	项目审批情况
05	项目计划情况
06	地表水水厂净水工艺
07	地下水水厂净水工艺
08	Φ75mm 以上供水管道长度（按材质统计）
09	取水管道长度（按材质统计）

5）供水单位月动态信息（供水水量、水压、水质）

供水单位月供水水量、水压、水质动态信息（大类码E）按管理内容分为7个中类，各中类码与中文名称见表2-9。

供水单位月动态信息（供水水量、水压、水质）中类码与中文名称　　　表2-9

中类码	中文名称
01	供水量月报
02	供水压力在线监测信息
03	供水流量在线监测信息
04	水源水水质在线监测信息
05	出厂水水质在线监测信息
06	供水管网水质在线监测信息
07	供水水质月报

6）供水水厂水质和生产日、月动态信息

供水水厂水质和生产日、月动态信息（大类码F）按管理内容分为9个中类，各中类码与中文名称见表2-10。

供水水厂水质和生产日、月动态信息中类码与中文名称　　　表2-10

中类码	中文名称
01	水厂运营情况
02	出厂水水质日检指标报告及月度统计报告
03	水厂级出厂水水质在线监测信息
04	水源水水质日检指标报告及月度统计报告
05	水厂级水源水水质在线监测信息
06	工艺过程水质报告
07	工艺过程水质在线监测信息
08	地表水原水富营养化和藻类监测
09	水厂废水处理情况

7）供水设施在建项目季报信息

供水设施在建项目季报信息（大类码G）按管理内容分为5个中类，各中类码与中文名称见表2-11。

供水设施在建项目季报信息中类码与中文名称　　　表2-11

中类码	中文名称
01	本季度项目完成情况
02	Φ75mm以上供水管道建设长度(按材质统计)
03	取水管道建设长度(按材质统计)
04	本季度投资
05	本季度投资来源

8）供水突发水质事件快报信息

供水突发水质事件快报信息（大类码 H）按管理内容分为 2 个中类，各中类码与中文名称见表 2-12。

供水突发水质事件快报信息中类码与中文名称　　　　　表 2-12

中类码	中文名称
01	事件基本情况
02	水质跟踪情况

（3）小类码

基于 8 个大类和各大类下的中类划分，按照管理的信息项进行小类码的编码，编码后的每个信息项代码和中文名称参见本书第 6.1 节。

2.2.6　字典库与字段选项代码

为保证同构和异构系统的数据交换，应采用相同的字典库；各地也可根据实际需要在字典库基础上扩充相应内容，同时报建设部城市供水水质监测中心备案。城市供水水质管理信息系统采用的字典库和字段选项代码表参见本书第 6.3 节。

2.2.7　水质指标编码规则

在城市供水水质管理软件中，每一个水质检测报告都涉及采样城市、水质指标等信息，关系数据统计、导入、导出等所有或部分过程，特别是水质数据在异构系统中的导入、导出过程唯一性要求非常高，因此保证三级监控网络的信息流通，建立城市供水水质指标编码对城市供水水质管理软件非常重要。

水质指标编码规则考虑了可扩展性，纳入了国内外各类标准中的 268 个指标，按其理化性质分为 13 类。

2.2.7.1　编码结构

水质指标编码包含：指标分类码 2 位、指标所在内的顺序码 2 位，共 4 位，其结构如下：

×× 　× ×

2.2.7.2　水质指标分类码

水质指标分类代码见表 2-13，共分为 13 类。详细的水质指标代码参见本书第 6.4 节。

水质指标分类代码　　　　　表 2-13

水质指标类别	代码
综合性指标和感官指标	01
一般常规指标	02
金属及有毒的常规指标	03
藻类	04

续表

水质指标类别	代码
微生物指标	05
农药类指标	06
其他有机物	07
挥发性有机物指标	08
酯类、胺类	09
腈类和有机酸	10
酚类、苯酚、醛类	11
苯系物	12
多环芳烃	13

2.3　基于 Web Service 的单点登录技术在统一用户体系的应用研究

　　三级城市供水水质监控网络建设出于监管业务需求开发了面向全国城市供水各层级管理部门、供水企业使用的全国城市供水管理信息系统，及其辅助应用系统：国家城市供水水质在线监测信息管理平台、城市供水水质监测点空间信息采集系统、城市供水水质在线/便携监测设备信息共享平台。为了减少用户在登录不同系统频繁变更用户名和用户密码的工作量，需要研究软件系统中的统一用户名和密码。使用统一的 URL 地址，一套用户认证权限系统，可登录多个应用系统，即基于 Web Service 的多系统单点登录技术（SSO）集成，给使用者更加友好的体验。

2.3.1　技术要点

　　采用单点登录技术方式，不用对各应用系统做任何改变，保持各应用系统的认证功能，建立用户在统一身份认证 SSO 系统的身份，并与其在应用系统中的身份映射。用户登录时，由系统查找和传递用户名和密码，帮助用户在对应的应用系统中完成认证。这种方式的优点：由于无需改变应用系统，使得系统整合的工作量减小、成本降低、实施容易；由于认证实质上仍由各应用系统完成，降低了系统运行的风险，并具有较高的灵活性。

　　基于 Web Service 技术实现单点登录，Web Service 可在孤立的应用系统之间相互通信，屏蔽系统的差异，共享资源的接口。

　　以全国城市供水管理信息系统的用户认证服务器为主站，辅助软件各为一个分站。当用户访问辅助软件时，其用户权限验证通过 Web Service 在用户认证服务器实现。

2.3.2　技术实现

　　用户登录辅助软件系统时将访问总站，登录成功后，主站颁发令牌，同时生成用户凭

19

证，并记录令牌与用户凭证之间的对应关系。主站凭证是一个关系表，包含：令牌、凭证数据、过期时间。根据辅助软件系统页面以 URL 参数方式回传提供的令牌响应对应的凭证。实现方式多样化，若注重系统可靠性，可通过数据库实现；若注重系统的效率，可通过缓冲技术实现（图 2-8）。

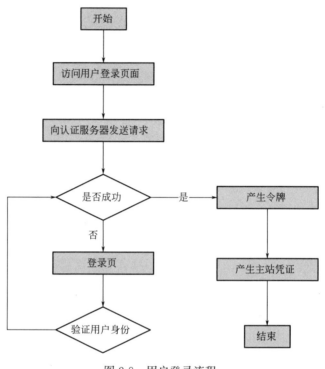

图 2-8　用户登录流程

用户退出辅助软件系统时，在清除主站凭证的同时，清空各辅助软件系统凭证。清空分站凭证采用 Web Service 的方式，各辅助软件系统发布相应接口函数，主站调用。

2.4　三级城市供水水质监控网络数据库系统

2.4.1　实时数据库与关系型数据库

关系型数据库是采用关系模型建立起来的数据库，它是建立在集合代数基础上，应用了数学方法来处理数据库中的数据。关系型数据库旨在处理永久、稳定的数据，强调维护数据的完整性、一致性，性能目标是高系统吞吐量和低代价，但对处理的定时限制没有严格要求。

实时数据库是采用实时模型建立起来的数据库，用于处理不断更新的快速变化的数据及具有时间限制的事务。实时数据库技术是实时系统和数据库技术相结合的产物，利用数据库技术来解决实时系统中的数据管理问题，同时利用实时技术为实时数据库提供时间驱动和资源分配算法，要求同时满足数据实时性和一致性。主要目标是尽量多的事务在规定的时间要求内完成，而不是公平地分配系统资源，从而使得所有事务能够执行。实时数据库主要应用于工业监控。实时数据库具有的特点：时间约束性（外部的动态数据，数据必须如实反映现场设备运行情况）、事务调度（既要考虑事务的执行时间，也要考虑事务的截止时间和紧迫程度等因素）、数据存储（要妥善处理时间与存储空间的矛盾，以保证数据的实时性）、数据在线压缩（解决高效处理海量数据的问题）。实时数据库与关系型数据库的主要区别见表 2-14。

实时数据库与关系型数据库的主要区别 表 2-14

	实时数据库	关系型数据库
并发处理速度	1s 可处理 1 万至几十万读写请求	1s 可处理 1000～3000 个读写请求
存储结构	采用测点结构存储	自定义表结构
对象信息定义	不支持	支持
对象关系描述	通过数学模型进行计算描述	通过主键和外键进行关系模型描述
数据压缩	采用压缩技术对数据压缩	不压缩,存储全部数据
存储策略	通过采用一定的存储策略(如多个存储设备轮换)确保可长期运行	没有存储策略,需人工干预

2.4.2 全国城市供水管理信息系统数据库

全国城市供水管理信息系统数据库选用 SQLServer2005 关系型数据库。

2.4.2.1 用户管理数据库设计

三级城市供水水质监控网络基于 asp. net 2.0 中 membership 设计用户管理系统：角色、用户、资源的权限，包含 12 张用户系统数据库表对象，见表 2-15、图 2-9。

用户系统数据库表 表 2-15

序号	表名	数据库表说明
1	aspnet_Roles	角色表
2	aspnet_Profile	对象存储表
3	aspnet_Applications	保存系统名
4	aspnet_Membership	成员信息表
5	aspnet_Paths	路径信息表
6	aspnet_PersonalizationAllUsers	所有用户的 Web 部件个性化设置信息表
7	aspnet_PersonalizationPerUser	每个特定用户的 Web 部件个性化设置信息
8	aspnet_SchemaVersions	用户配置信息支持的模式
9	aspnet_Users	用户表
10	aspnet_UsersInRoles	用户角色关系表
11	aspnet_WebEvent_Events	Web 事件相关信息
12	S_UserAdapter	用户信息配置

21

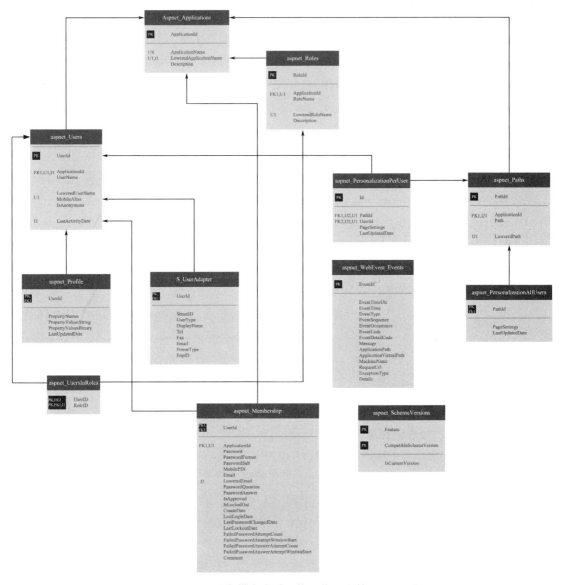

图 2-9　三级城市供水水质监控网络用户管理 E-R 图

2.4.2.2　基础信息数据库设计

三级城市供水水质监控网络共设计 10 张管理城市、水司和水厂的基础数据库表及关联工作数据库表，见表 2-16、表 2-17。

基础数据库表
表 2-16

序号	表名	数据库表说明
1	BI_CityDepInfo	城市基础信息
2	BI_CompanyInfo	水司基础信息

续表

序号	表名	数据库表说明
3	BI_CompanyWQInfo	水司水质监测点基础信息
4	BI_FactoryInfo	水厂基层信息
5	BI_LabInfo	实验室信息
6	BI_MachineOnline	在线监测点信息
7	BI_ProjectInfo	在建项目信息
8	BI_SourceWaterInfo	水源地信息表
9	BI_CompanyMonitorEquipment	水司在线监测设备信息
10	BI_CompanyMonitorStation	水司在线监测点信息

工作数据库表   表 2-17

序号	表名	数据库表说明
1	BI_EnumInfo	选项表
2	BI_EnumList	字典表
3	S_WaterReSource	水源地信息表

2.4.2.3 水质、水量动态数据报告表

三级城市供水水质监控网络数据库中包含 11 张水质、水量动态数据表对象，见表 2-18、图 2-10。

水质、水量动态数据库表   表 2-18

序号	表名	数据库表说明
1	P_FactoryDayReport	水厂日检报告
2	P_FactoryDayReportGuideLine	水厂日检指标统计报告
3	P_ExtendFactoryGuideLine	水厂日检扩展指标
4	P_FactoryReport	水厂水量月报告
5	P_FactoryReportGuideLine	水厂日检指标月统计报告
6	P_ProjectReport	在建项目季报
7	P_AccidentReport	水质突发事件快报基层信息
8	P_AccidentReportCheckItems	突发事件水质监测信息
9	P_CompanyReport	水司水量月报
10	WaterDataSampleInfo	水样样品信息表
11	Co_WaterData××××	××××年水质数据表

2.4.3 三级城市供水水质监测网在线监测点空间分布图形数据库

三级城市供水水质监测网在线监测点空间分布图形数据库建于 3 个示范地，是示范地城市供水水质监测预警系统技术平台的在线监测数据管理数据库。

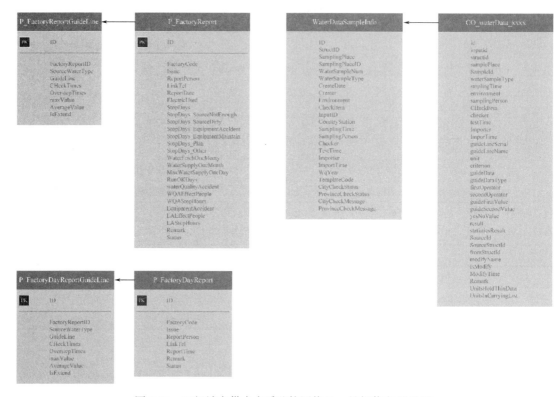

图 2-10　三级城市供水水质监控网络日、月报信息 E-R 图

2.4.3.1　在线监测数据库设计

三级城市供水水质监测网在线监测点空间分布图形数据库中包含 10 张在线监测数据库表对象，见表 2-19、图 2-11。

在线监测数据库表

表 2-19

序号	表名	数据库表说明
1	WQ_Mon_T_SampleInfo	在线监测点信息表
2	WQ_Mon_T_VerifierInfo	在线监测仪器表
3	WQ_Mon_T_CollecterInfo	数采仪运行参数表
4	WQ_Mon_T_OnlineData	在线监测数据记录表
5	WQ_Mon_T_ItemInfo	在线监测项目表
6	WQ_Mon_T_Dictionary	字典表
7	WQ_Mon_T_Department	在线监测部门信息表
8	WQ_Mon_T_CollecterFaultInfo	数采仪异常信息表
9	WQ_Mon_T_VerifierFaultInfo	在线监测仪器异常信息表
10	WQ_Mon_T_MonthReport	在线监测月报表

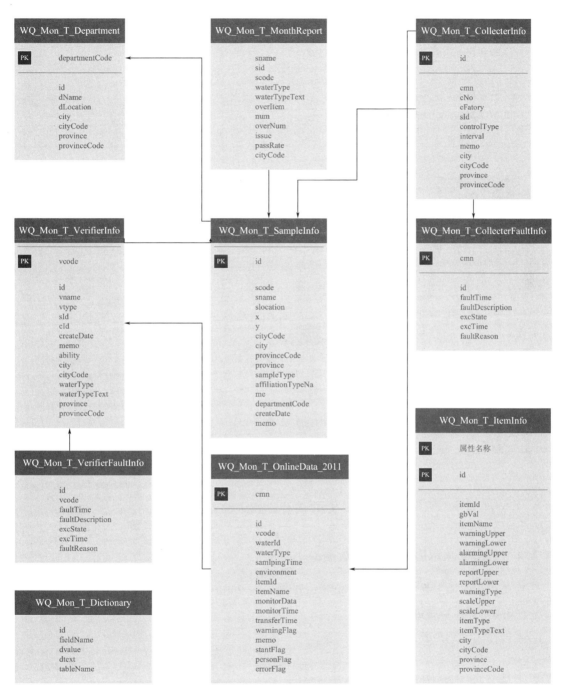

图 2-11 在线监测数据 E-R 图

2.4.3.2 在线监测配置系统数据库设计

三级城市供水水质监测网在线监测点空间分布图形数据库在线监测配置系统主要包括 5 张数据库表,见表 2-20、图 2-12。

在线监测配置系统数据表　　　　　　　　　　　　　　　　表 2-20

序号	表名	数据库表说明
1	WQ_Mon_T_SampleInfo	监测点信息表
2	WQ_Mon_T_VerifierInfo	在线监测仪器表
3	WQ_Mon_T_CollecterInfo	数采仪运行参数表
4	WQ_Mon_T_ItemInfo	监测项目表
5	WQ_Mon_T_Department	监测部门信息表

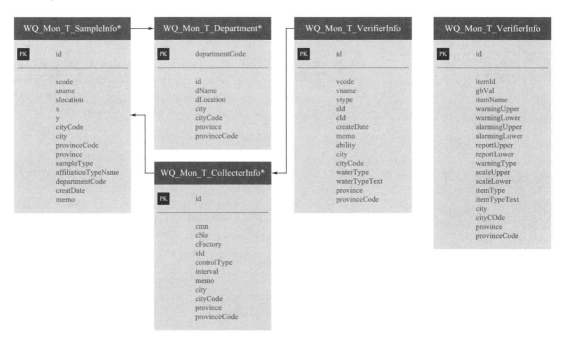

图 2-12　在线监测配置系统数据关系 E-R 图

2.4.4　城市供水水质上报系统数据库

城市供水水质上报系统数据库选用 SQL Server 2005 关系型数据库。

2.4.4.1　用户管理表

系统使用的用户管理表，见表 2-21。

用户管理表　　　　　　　　　　　　　　　　　　　　　　表 2-21

序号	名称	数据库表说明
1	Weightindex	权限控制字典表
2	userweightindex	用户权限控制表
3	sysUserPermission	用户权限表
4	SysUserBaseInfo	用户基本信息表
5	SysGroupSet	用户组设置表

序号	名称	数据库表说明
6	SysGroupPermission	用户组权限表
7	sysSection	部门信息表
8	SysEmployeeInfo	员工信息表

2.4.4.2 水质标准表

系统建立的水质标准表，见表 2-22。

水质标准表　　　　　　　　　　　　　　　　　　　　　　　　　　　　　　　表 2-22

序号	表名	数据库表说明
1	setStandardClass	水质标准索引表
2	水质标准 18	《地下水质量标准》(GB/T 14848-93)(Ⅱ类)
3	水质标准 10	《地下水质量标准》(GB/T 14848-93)(Ⅲ类)
4	水质标准 11	《地下水质量标准》(GB/T 14848-93)(Ⅳ类)
5	水质标准 12	《地下水质量标准》(GB/T 14848-93)(Ⅴ类)
6	水质标准 17	《地表水环境质量标准》(GB 3838-2002)(Ⅱ类及水源地补充项目)
7	水质标准 13	《地表水环境质量标准》(GB 3838-2002)(Ⅲ类及水源地补充项目)
8	水质标准 14	《地表水环境质量标准》(GB 3838-2002)(Ⅳ类及水源地补充项目)
9	水质标准 15	《地表水环境质量标准》(GB 3838-2002)(Ⅴ类及水源地补充项目)
10	水质标准 16	《地表水环境质量标准》(GB 3838-2002)(饮用水水源地特定项目)
11	水质标准 29	《生活饮用水卫生标准》(GB 5749-2006)常规项
12	水质标准 30	《生活饮用水卫生标准》(GB 5749-2006)非常规项
13	水质标准 31	《生活饮用水卫生标准》(GB 5749-2006)

2.4.4.3 水质数据表

水质数据使用的各表见表 2-23、图 2-13。

水质数据表　　　　　　　　　　　　　　　　　　　　　　　　　　　　　　　表 2-23

序号	表名	数据库表说明
1	WaterDataIndex	水质数据索引表
2	waterData_XXXX	水质数据表
3	SetWaterSampleInfo	水样表
4	SetWaterSampleInfoexpent	水样扩展信息表
5	inputTempData	录入数据临时表
6	InputTempHistory	临时历史数据
7	inputTempDelHistory	临时删除历史数据

2.4.4.4 工作表

城市供水水质上报系统数据库使用的工作表见表 2-24。

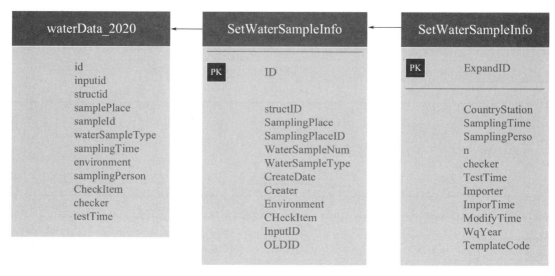

图 2-13 水质数据关系 E-R 图

工作表 表 2-24

序号	表名	数据库表说明
1	initinfostationname	监测站名称与代码
2	InitInfoWaterSampleType	水样类型表
3	InitInfoCheckItemList	检测类型表(如日检、月检、督察等)

2.4.5 国家城市供水水质在线监测数据通信管理平台数据库

2.4.5.1 数据库选型

考虑到城市供水水质在线监测数据库存储实时在线监测数据,其特点是数据的存储量大,读取频率高,但存储格式较为简单,因此,选用 Oracle Berkeley Db 作为平台实时数据库(实时库)支撑,采用 Java 实现,可以快速地存储数据,而不会像其他数据库产生那么多的开销。故与常见的关系型数据库区别较大。

2.4.5.2 数据库操作

Oracle Berkeley Db 数据存储结构本身对用户透明,但平台提供两种形式的数据操作方式:基于 JRT Client 包的接口,基于 Telnet 的 Console 终端操作。

(1) 接口调用。在程序中加入 JRT Client Jar 包即可在 Java 程序对实时库进行读写操作,实时库接口 com. itiptop. jrtclient. TagManager,见表 2-25、表 2-26。

使用的 API 表 表 2-25

方法名	参数	描述	返回值
readValue	String tagname	得到位号的最新值	TagValue
readValue	String[] tagname	得到一组位号的最新值	TagValue[]

续表

方法名	参数	描述	返回值
readHisValue	String[] tagname Date begin Date end int interval	采样一组位号,采样起止时间分别为 begin 和 end,采样频率为 interval 秒,返回值为 TagValue 的二维结构,TagValue[]为各个位号的采样结果	Iterator ＜TagValue[]＞
readHisValue	String[] tagname Date begin Date end	读取位号从 begin 至 end 时间段内的历史值	TagValue[]
writeValue	String tagname TagValue v	写入实时库位号值,返回操作状态标志,0 为成功	int
writeValue	String[] tagname TagValue[] v	写入实时库一组位号值,返回操作状态标志,0 为成功	int[]

agValue 值描述表   表 2-26

属性名	描述	属性类型
Val	位号值,值可能是任意类型	Object
Quality	质量码,192 好值,120 空值,170 坏值	int
valType	值类型,2-int,4-short,5-float,6-double,7-boolean,8-String,9-byte	int
Timestamp	时间戳,位号值采集的时间	Date

实例

```
TagManager tagManager = ServiceRegister.getTagManager();
//以下为代码片段,其中变量 begin 为昨天 0 时,end 为今天 0 时
String[] tagnames = new String[]{"r.330100A001.01.0001", "r,330100A001.01.0002"};
//读取从昨天 0 时至今天 0 时位号的采样,每小时采集一个值
Iterator＜TagValue[]＞ iter = tagManager.readhisValue(tagnames, begin, end, 3600);
//输出结果
while(iter.hasNext()){
    TagValue[] vals = iter.next();
    for(TagValue val : vals){
        System.out.println(val.getVal());
    }
}
String tagname = "r.330100A001.01.0001";
//读取从昨天 0 时至今天 0 时位号的所有采集值
TagValue[] vals = tagManager.readhisValue(tagname, begin, end);
//输出结果
```

```
for(TagValue val : vals){
        System.out.println(val.getVal());
}
```

（2）Console 终端。通过 Telnet 协议进入实时库 Console 终端，需先获知 IP 及端口。连接成功后，输入终端用户名和密码登录。

实例

命令 1：telnet 115.236.91.139 6606

进入实时库终端的连接命令 115.236.91.139 是实时库 IP 地址，6606 是实时库开放的 Console 端口。

命令 2：login -u admin -p admin

进入终端后，需要输入 login 命令登录方可进行其他操作。参数：-u 用户名，-p 密码。

登录后，即可进行位号值的查询操作，与 API 接口调用不用，终端命令主要用于查询采集值，因此只能读取单个位号的历史值，也不能进行采样等操作。

命令 3：readhis -tag r.440301A888.04.0045 -h 1

该命令可查询近期位号历史采集值，参数：-tag 位号名，-h（表示从何时刻开始，如本例-h 1 则表示最近 1h 内）。

命令 4：readhis2 -tag r.440301A888.04.0045 -b " 2012-04-01 12：00：00" -e " 2012-04-01 16：00：00"

该命令可查询任意时间段历史采集值，参数：-tag 位号名；-b 起始时间，格式为"年年年年-月月-日日　时时：分分：秒秒"；-e 结束时间，格式为"年年年年-月月-日日　时时：分分：秒秒"。

输出在屏幕的信息，其各列意义分别为：采集时间，质量码，采集值。当命令输入错误或参数格式不正确时，终端将会分别给予提示信息。

2.4.6　城市供水水质在线监测信息管理平台数据库

城市供水水质在线监测信息管理平台数据库由实时库和关系型数据库共同构成。

调用存储在实时库中的在线监测数据，而平台关系型数据库（关系库）主要用于承载平台业务模型，以及存储计算值算法脚本等固态信息。关系库即基于关系型数据库，以 SQLServer2005 为存储环境。

但本平台中的固态信息是以离散数据类型分类存储的，因此不可直接采用 SQL 语法查询数据库。平台提供 XML 文件与固态信息的对象一一对应，通过查看 XML 文件则更便于分析对象及其之间的关系。

2.4.6.1　XML 文件

如下述 dir.xml 文件，表示目录对象，name 标签为对象名称，attribute 标签为对象字段，其中 name 属性为字段名称，type 属性为字段类型，其子标签 restrict 为字段约束，如 dirName 中的约束条件是该属性不能为空；而 files 中的约束条件是该列表对象须为文件类型。filter 及后面的标签表示其他意义。

```xml
<? xml version="1.0" encoding="UTF-8"? >
<type>
    <!--目录 -->
    <name>dir</name>
    <attributes>
        <!--目录名 -->
        <attribute name="dirName" type="string">
            <restrict name="required" value="true" />
        </attribute>
        <!--描述 -->
        <attribute name="dirDesc" type="string" />
        <!--子目录 -->
        <attribute name="childs" type="list" >
            <restrict name="itemType" value="dir"></restrict>
        </attribute>
        <!--文件 -->
        <attribute name="files" type="list" >
            <restrict name="itemType" value="file"></restrict>
        </attribute>
    </attributes>
    <filter>
        <item name="dirName" matchType="LIKE" />
        <item name="dirDesc" matchType="LIKE" />
    </filter>
    <pk>dirName</pk>
    <ui label="dirName">
        <columns>
            <column width="20%" key="dirName" />
            <column width="30%" key="dirDesc" />
            <column width="20%" key="childs" />
            <column width="20%" key="files" />
        </columns>
    </ui>
</type>
```

如下述 file.xml 文件，fileType 中的 enum 属性表示该对象字段为枚举值，枚举名称是 fileType，并且该字段不能为空，默认值为 1。

```xml
<? xml version="1.0" encoding="UTF-8"? >
<type>
    <name>file</name>
    <attributes>
        <! -- file name -->
    <attribute name="fileName" type="string">
        <restrict name="required" value="true" />
    </attribute>
    <attribute name="fileDesc" type="string" />
    <! -- type (1:picture,2:binary,text,3 flash) -->
    <attribute name="fileType" type="integer" enum="fileType">
        <restrict name="default" value="1"></restrict>
        <restrict name="required" value="true"></restrict>
    </attribute>
    <! -- path on the file server -->
    <attribute name="path" type="file" />
    <attribute name="uploadTime" type="time" />
</attributes>
<pk>fileName</pk>
<filter>
    <item name="fileName" matchType="LIKE" />
    <item name="fileType" matchType="EQ" enum="fileType"/>
    <item name="uploadTime" matchType="BETWEEN"/>
</filter>
<compare>
    <item name="fileName" />
</compare>
<ui label="fileName">
    <columns>
        <column width="10 %" key="id" />
        <column width="20 %" key="fileName" />
        <column width="20 %" key="fileDesc" />
        <column width="10 %" key="fileType" />
        <column width="20 %" key="path" />
        <column width="20 %" key="uploadTime" />
```

```
    </columns>
    <tooltip key="文件{0}:{1}">
        <item name="fileName" index="0" />
        <item name="fileDesc" index="1" />
    </tooltip>
  </ui>
</type>
```

根据以上两个 XML 文件，可确定 dir 与 file 存在表结构一对多关系，即一个 dir 对象可关联多个 file 对象，同时 dir 对象自身也可关联多个 dir 对象。按实际意义讲，这样的关系就是：目录下面可放多个文件，目录也可以有子目录。

2.4.6.2 以字段类型建立数据表

平台按字段类型建立数据表，见表 2-27，采用 XML 文件建立数据表和实现数据查询。

平台使用的数据表   表 2-27

类型名称	类型描述	对应关系表
Boolean	布尔型	bool_attrs
Short	短整型	int_attrs
Integer	整型	int_attrs
Long	长整型	long_attrs
Float	浮点型	real_attrs
Double	双精度浮点型	real_attrs
String	字符串	str_attrs
Clob	字符串大对象	clob_attrs
Time	时间类型,精确到秒	time_attrs
Date	日期类型,精确到天	date_attrs
Reference	引用类型,1 对 1 关系	ref_attrs
List	引用类型,1 对多关系	ref_attrs
File	文件类型	存于文件服务器

2.4.6.3 查询

平台提供 GBeanManager 接口，见表 2-28，代替 SQL 语法查询关系数据库。GBeanManager 的使用方法与调用实例如下。

GBeanManager 接口表   表 2-28

方法名	参数	描述	返回值
findGBeanRoot	String type	得到一个 GBean 的根结点,假设此类型是以树结构排列	GBean

续表

方法名	参数	描述	返回值
findGBean	String type	得到某类型下所有的 GBean	List＜GBean＞
findGBean	String type String propertyName String propertyType Object value	得到匹配条件的 GBean，propertyName 为要匹配的字段名，propertyType 为要匹配的字段类型，value 为要匹配的值	List＜GBean＞
findGBeanParent	Long id	得到对象 id 的所有父 GBean	List＜GBean＞
findGBeanParent	String type Long id	得到对象 id 的类型为 type 的父 GBean	List＜GBean＞
saveGBean	GBean o	保存一个 GBean	无
deleteGBean	String id	通过 id 删除 GBean	无
deleteGBean	Gbean o	直接删除 GBean	无

一个 GBean 对象即为 XML 文件的一个实例化，GBean 通过 getString（propertyName），setDouble（propertyName）等 get，set 方法读写，进一步将字段持久化，GbeanManager 与 GBean 实例如下。

```
GbeanManager gbeanManager = ServicRegister.getGBeanManager();
//得到所有的 user
List＜GBean＞ gList =gbeanManager.findGBean("user");
//输出结果
for(GBean g : gList){
    System.out.println(g.getString("name"));
}
//找到手机电话为 13900000000 的 user
gList =gbeanManager.findGBean("user","phoneNumber","string","13900000000");
//输出结果
for(GBean g : gList){
    System.out.println(g.getString("name"));
}
```

2.4.7　城市供水水质监测站点空间信息采集系统数据库

城市供水水质监测站点空间信息采集系统数据库选用 SQLServer2005 关系型数据库，系统共使用 3 张数据表，见表 2-29，用于确定监测点位所在的行政区及其位置信息和类型信息。

更多的地图数据使用开源资源。

空间信息采集系统数据库表　　　　　　　　　　　　　　表 2-29

序号	表名	数据库表说明
1	Areacodeinfo	地区编码表
2	Point	监测点表
3	DicMonitoType	监测点类型

2.4.8　城市供水水质在线/便携监测设备信息共享平台数据库

城市供水水质在线/便携监测设备信息共享平台数据库选用 SQLServer2005 关系型数据库，见表 2-30。

供水水质在线/便携监测设备信息共享平台数据库表　　　　　表 2-30

序号	表名	数据库表说明
1	E_ApparatusInfo	设备信息表
2	E_ApparatusRelation	设备相关表
3	E_ApparatusIndex	设备参数表
4	E_ApparatusType	检测指标表
5	E_CaseInfo	案例信息表
6	E_CaseIndex	案例参数表
7	E_CaseRelation E_CaseRelation	案例附件相关表
8	E_UserInfo	用户表

2.5　三级城市供水水质监控网络实时、同步数据传输技术

2.5.1　同构系统上报数据（非实时数据）的同步数据传输

对于和国家级监控中心同构的城市供水水质信息管理系统，下级向上级系统数据传输的方法是基于 Web Service，通过数据库层面的对接，以 HTTP 超文本传输协议连接方式进行数据交互，数据经 1024 位 RSA 加密后，以 XML 格式传输。

具体做法是，在各地区的服务器上部署 Windows 服务自动获得最新的数据，并更新到国家级水质数据汇总库中，如果某一地区把一条信息进行了更新操作，会更新 modifyTime 的最后更新时间，取该地区的数据时都会按照最后更新时间获得，有更新也会直接获得数据，然后到国家级水质数据汇总库中判断是否存在重复的数据，是则删除旧的插入新的，否则直接插入新数据。

其优点是 Web Service 部署灵活，不要求在同一个网络。而使用 Windows 服务实现数据订阅分发流程，结合 MSMQ 消息队列进行传输相对复杂，也不一定稳定，且需要监控措施等。

2.5.2　异构系统上报数据（非实时数据）的同步数据传输

2.5.2.1　需求描述

部分省、市为管理辖区范围内城市供水水质，开发了适用于当地的信息管理系统，所建数据库是按不同模式、针对不同应用特点而设计，是彼此各异的数据库系统。由此出现，这些不同数据库间横向（不同部门之间）和竖向（国家、省、市）的数据共享问题，解决这一问题需要利用异构数据库同化技术。

2.5.2.2　异构数据库同化技术及方法选择

常用的异构数据库同化技术有：基于 Web Service 的异构数据库同步、基于 Windows 服务的异构数据库同步、基于语义的异构同化处理方法等等。分析各种方法，除基于 Web Service 同步不需要各方在网络上提供数据库连接，只需要 HTTP 传递加密数据记录即可，而且不用考虑网络结构或者跨网的问题，其他的都需要相互关联数据库连接，可能产生局限性，比如要求不能跨网，或者跨网之间连接数据库需要数据库开放权限等。

因此，异构系统上报数据（非实时数据）的同步数据传输采用 Web Service 方法。Web Service 使用简单对象访问协议（Simple Object Access Protocol，SOAP）作为异质客户端软件和 Web Service 程序之间在网络上共同交换信息的标准协议。SOAP 是以 XML（Extensible Markup Language）可扩展标识语言来封装和调用远程服务的。而 XML 具有以下优点：XML 是 W3C 组织正式批准的公共标准之一，提供了大家都遵循的标准数据封装技术，与系统平台和具体语言无关。因此以 XML 为基础的 Web Service 程序也可以轻易跨越各种系统平台以及使用任何一种编程语言来实现。此外，SOAP 还选择了 HTTP（HyperText Transfer Protocol）超文件传输协议作为它的传输通信协议，而 HTTP 又是所有平台和操作系统都已经接受的公共标准通信协议，它的端口默认都是开放的，因而 Web Service 程序可以轻易地跨越企业防火墙等界限，解决了 DCOM 和 CORBA 技术难以穿透防火墙的难题。因此，Web Service 技术可以用来有效地解决跨网络数据共享问题。

Web Service 程序运行在 Web 服务器上，从逻辑上把其分为服务接口层、业务逻辑层和数据库访问层。服务接口层为客户端程序的远程调用提供服务格式说明，以及根据客户端程序的请求去调用指定的服务函数；业务逻辑层则用来专门处理实际的业务规则（如字段映射与转换等）；而数据库访问层主要是连接中心共享数据库，把同步数据更新到中心共享数据库中。当进行数据同步时，客户端的数据同步请求消息首先送给 Web 服务器，Web 服务器再把请求转发给 Web Service 程序，Web Service 程序接收到 SOAP 请求消息后，解析其中包含的函数调用和参数格式，根据 WSDL（Web Services Description Language，是一个用来描述 Web 服务和说明如何与 Web 服务通信的 XML 语言，为用户提供详细的接口说明书）文档的描述调用业务逻辑层中定义的数据同步函数进行处理。最后通过数据库访问层把同步数据更新到相应的数据表中完成同步。

客户端程序定时周期性地扫描各应用系统数据库的触发事件表，如发现有未同步的数据，就远程调用 Web Service 程序的服务函数进行同步处理。实现定时功能需要设置一个定时器，当设定时间到时，自动触发时间到事件处理过程，在该事件处理过程中远程调用 Web Service 程序。此外，在客户端程序中还要实现远程连接 Web Service 程序以及通过 HTTP 和 SOAP 封包调用 Web Service 程序的服务的功能。

服务器端 Web Service 程序实现向客户端提供接口的机制，接收、解析远程 SOAP 请求消息，调用相应处理函数和返回 SOAP 响应消息等底层功能。

2.5.2.3 数据导入接口

通过以下标准接口的建立，将异构系统的水质数据批量导入国家级城市供水水质监控网络。

（1）水质月（年）报数据导入接口

方法：bool SetMonthReport（string XMLMonthReport，out string strError），参数说明见表 2-31。

水质月（年）报数据导入接口参数说明　　　　　　　　表 2-31

参数名称	说明	参数类型
XMLMonthReport	月报表 XML 格式	输入参数
StrError	错误提示(无错误信息为 NULL)	输出参数

返回值说明：true 成功；false 失败。

XML 格式说明

1）表关系

WaterDataSampleInfo：采样点样品信息。

WaterData：水质数据（地表水源水基本项目与补充项目、地下水质量标准项目检测报告、出厂水与管网水水质监测项目）。

关联：WaterSampleNum 水样编码（图 2-14）。

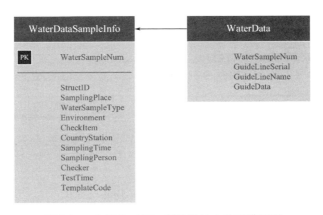

图 2-14　水质月（年）报数据导入关系模型图

2）字段说明

WaterDataSampleInfo：采样点样品信息，表结构见表 2-32。

采样点样品信息结构表 表 2-32

字段名	类型	说明	允许空值	备注
WaterSampleNum	String（50）	水样编号	No	不能重复
StructID	String（30）	区域编码	No	每个水司水厂都有各自的 StructID
SamplingPlace	String（50）	采样点名称	Yes	
WaterSampleType	String（50）	水样类型	No	水样类型：地表水源水、地下水源水、出厂水、管网水
Environment	String（50）	采样环境	No	采样环境：晴、大风、大雪、晴26℃、晴气温28℃、晴24℃等
CheckItem	String（50）	检验类型	No	月检、半月检、半年检
CountryStation	String（500）	水司或监测站名称	No	
SamplingTime	Datetime	采样时间	No	
SamplingPerson	String（100）	采样人	No	
Checker	String（50）	检测人	No	
TestTime	Datetime	检测时间	No	
TemplateCode	String（50）		No	T001\T002\T003\T012\ T013
	T001：《地下水质量标准》(GB/T 14848-93)项目检测报告——39 项指标(地下水源水) T002：《地表水环境质量标准》(GB 3838-2002)基本项目与地表水源地补充项目检测报告——24 项 + 5 项(补充项目) = 29(地表水源水基本项目与补充项目) T003：《地表水环境质量标准》(GB 3838-2002)特定项目检测报告——102 项(地表水源水特定项目) T012：《生活饮用水卫生标准》(GB 5749-2006)常规项目检测报告——出厂水、管网水 T013：《生活饮用水卫生标准》(GB 5749-2006)扩展项目/非常规项目检测报告——出厂水、管网水			

WaterData：水质数据（地表水源水基本项目与补充项目、地下水质量标准项目检测报告、出厂水与管网水水质监测项目），表结构见表 2-33。

水质数据结构表 表 2-33

字段名	类型	说明	允许空值	备注
WaterSampleNum	String（50）	水样编号	No	不能重复
GuideLineSerial	String（4）	指标序列号	No	见本书第 6.4 节
GuideLineName	String（50）	指标名称	No	见本书第 6.4 节
GuideData	String（50）	指标数据	No	上报时输入数据，除文字描述类等特定指标，其他数值类指标单位均为 mg/L。例如：≥5

（2）水质日检指标月统计数据导入接口

方法：bool SetDayReport（string XMLDayReport，out string strError），参数说明见表 2-34。

水质日检指标月统计数据导入接口参数说明 表 2-34

参数名称	说明	参数类型	备注
XMLDayReport	日报表 XML 格式	输入参数	具体格式见本书第 6.5.2 节 每一个 XML 只传送一个水样的多指标检测结果
strError	错误提示（无错误信息为 NULL）	输出参数	

返回值说明：true 成功；false 失败。

XML 格式说明

1）表关系

P_FactoryDayReport（水厂日报主表）

P_FactoryDayReportGuideLine（水厂日报水质指标监测统计表）

关联：FactoryReportID（图 2-15）

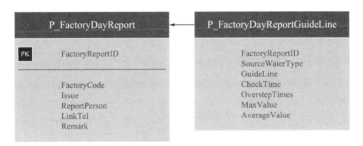

图 2-15 水质日检指标月统计数据导入关系模型图

2）字段说明

P_FactoryDayReport（水厂日报主表），表结构见表 2-35。

水厂日报结构表 表 2-35

字段名	类型	说明	允许空值	备注
FactoryReportID	Int64	ID	No	自动生成的 ID，与重表相关联
FactoryCode	String(50)	水厂编码	No	每个水厂都有各自的 FactoryCode，如 1110160010100
Issue	String(50)	上报日期		例如："20100125"
ReportPerson	String(50)	填报人		
LinkTel	String(200)	联系电话		
Remark	String(4000)	注释		

P＿FactoryDayReportGuideLine（水厂日报水质指标监测统计表），表结构见表 2-36。

水厂日报水质指标监测统计结构表　　　　　　　　　　表 2-36

字段名	类型	说明	允许空值	备注
FactoryReportID	Int64	主表的 ID	No	
SourceWaterType	String(50)	水样类型	No	出厂水、水源水
GuideLine	String(50)	指标代码	No	见本书第 6.4 节
CheckTimes	int	检测次数	No	
OverstepTimes	int	超标次数	No	
MaxValue	String(50)	检验最大值	No	因可能是"有"或"无"，此处设置成了字符串
AverageValue	String(50)	平均值	No	因可能是"有"或"无"，此处设置成了字符串

2.5.3　在线数据（实时数据）的同步数据传输技术

在线数据（实时数据）的同步数据传输技术，有两种传输方式：单点多发和数据库间的传输。本节重点描述数据库间的实时、同步数据传输。

示范地实时水质数据是从地方关系型数据库定时读取，并主动上传至国家数据中心的（图 2-16）。

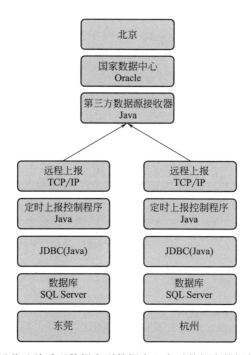

图 2-16　示范地关系型数据库到数据中心实时数据库数据技术示意图

　　示范地数据库采用的是 Microsoft（微软）的 SQL Server 产品。分别在每个 SQL Server 机器上安装了一个定时上报控制程序（通过 Java 实现），并在控制程序中通过 JD-BC 引擎将 SQL Server 中存储的数据读取到计算机内存中。

　　JDBC——Java Data Base Connectivity，JDBC 提供了一种基准，据此可以构建更高级的工具和接口，使数据库开发人员能够编写数据库应用程序，是 Java 的数据连接标准。定时上报程序通过配置，可设置上报频率等参数。当通过 JDBC 数据读取到内存后，程序即刻主动发送至北京的国家数据中心的数据接收器（同样是 Java 实现）。从地方至国家的远程是基于 TCP/IP 的数据包发送的，在 TCP/IP 连接时，需进行账号验证，成功登录的客户端才能继续发送数据包，数据包采用二进制数据格式（0 和 1 的序列码）。在 TCP/IP 传输过程中，无其他加密手段。数据接收器收到数据后就将数据存储到国家数据中心（图 2-17）。

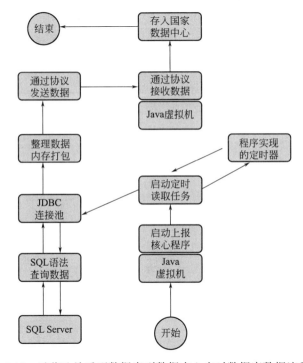

图 2-17　示范地关系型数据库到数据中心实时数据库数据流程图

2.6　三级城市供水水质监控网络应用研究

　　三级城市供水水质监控网络的建设可选方案有两种，一种为利用电子政务外网组建三级网，一种是利用 VPN 技术组建三级网。为此，将两种可选的组网方式分述如下。

2.6.1　电子政务外网

　　国家政务外网定位：是服务于党委、人大、政府、政协、法院和检察院的政务公用网络，覆盖中央、省、市、县四级政务部门，主要满足各级政务部门社会管理、公共服务等面向社会服务的需要，支持电子政务业务系统和国家战略性、基础性信息资源库的运行，支持跨系统、跨部门、跨地区的信息资源共享和交换（图 2-18）。

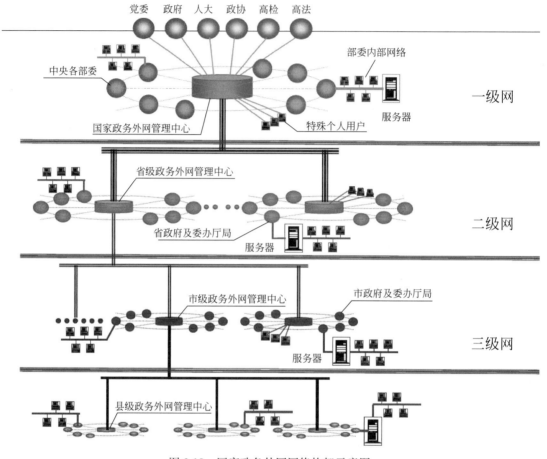

图 2-18　国家政务外网网络构架示意图

　　国家政务外网网络建设情况：在北京已建成 2.5G 环网的国家电子政务外网中心城域网核心层；中国联通公司提供的广域骨干网主线路 18 条 155M　5DH 电路、用于西部地区的 13 条 8M　SDH 电路，以及中国电信公司提供的广域网 31 条 2M 辅电路均已部署完毕（图 2-19）。

　　国家政务外网业务承载区（"2+n"架构）：由共用网络平台区、互联网 VPN 区、专用 VPN 业务区构成。其中，共用网络平台区为政务外网承载业务的主体区域，是部署各部门的业务应用，与互联网无连接，安全性较高；互联网 VPN 区是采用 VPN 技术，把需要与互联网互访的所有业务独立封闭在一个单独的 VPN 区域内，与互联网通过防火墙等措施进行逻辑隔离；专用 VPN 业务区是用于因业务工作需要设置的多（n）个纵向或横向 VPN，主要提供通道级服务（图 2-20）。

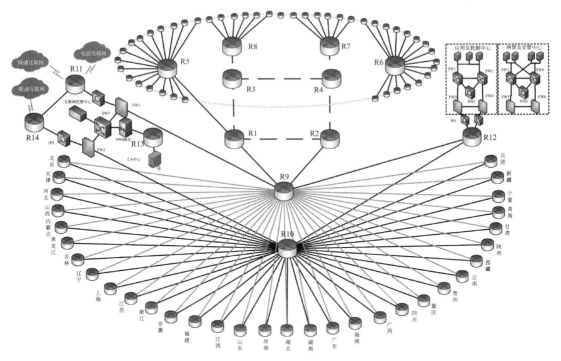

图 2-19　国家政务外网一期第一阶段组网示意图

2.6.2　VPN 建网

VPN（Virtual Private Network）虚拟专用网，是指利用公用电信网络为用户提供专用网的各种功能，即用户不需要建设或租用专线，也不需要装备专用的设备，通过 VPN 软件或支持 VPN 技术的网络设备（如防火墙、路由器等），就能组成一个属于用户自己的虚拟专用网络。

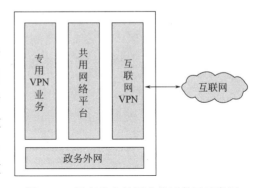

图 2-20　国家政务外网业务承载区示意图

VPN 是一条穿过混乱的公用网络的安全、稳定的隧道。通过对网络数据的封包和加密传输，在因特网建立一个临时的、安全的连接，从而实现在公网上传输私有数据、达到私有网络的安全级别。VPN 使用三个方面的技术保证了通信的安全性：隧道协议、身份验证和数据加密，提供高水平的安全，使用高级的加密和身份识别协议保护数据避免受到窥探，阻止数据窃贼和其他非授权用户接触这种数据。

VPN 技术的优势在于：VPN 的运营成本和连接远程用户的成本更低。

VPN 是模块化的和可升级的。这种技术能够让应用者使用一种很容易设置的互联网基础设施，让新的用户迅速和轻松地添加到这个网络，不用增加额外的基础设施就可以提供大量的容量和应用。

43

作为同行的水管理业务，三级网使用 VPN 的案例：国家环境监测总站国家地表水环境监测网，该网的人工检测数据利用 VPN 网络上报，其组网为总站 VPN—省 VPN—市 UK，自动监测数据走公网。

对比以上两种组网方式，利用电子政务外网进行组网的优势在于：三级网络互联的带宽资源丰富，安全性高；不足点在于：各地的电子政务网的建设水平参差不齐，有的城市还没有建设电子政务外网；采用了 MPLS（Multiprotocol Label Switching：多协议标签交换）VPN 技术，接入技术复杂，成本较高；项目建设时施工环节较为复杂，涉及的部门企业较多，协调工作繁复；数据接收对象（上报数据对象）以企业为主，均不在政务外网覆盖区，仍需采用 VPN 技术。

利用 VPN 方式组网的优势在于：组网方便，覆盖面广，投资相对较省；不足点在于：国家、省、市三级网互联带宽不像电子政务外网那么充足，需要考虑三级网络互联数据量的大小；安全性不如电子政务外网，但是由于采用了 IP SEC 加密技术，安全性也是可以保证的。

综合以上讨论可知，由于三级城市供水水质监控网络主要信息源来自于各个供水企业，均不属于政府外网的覆盖范围，如果采用政务外网，数据传输必须采用专用的 VPN 技术及设备，由此将大大增加建设投资和运行维护成本。因此，综合三级城市供水水质监控网络数据源等特点，利用 VPN 及其加密技术构建国家三级城市供水水质监控网络，使三级城市供水水质监控网络安全总体上达到三级，可满足信息安全的需要。

但事实上，有的城市供水水质监测中心机房建设时，当地信息化发展要求置于电子政务外网内，因此，从当地信息中心到国家级城市供水水质监控平台无法采用 VPN 组网，故设计 VPN 与 Internet 混合组网方式构建三级网络框架（图 2-21）。

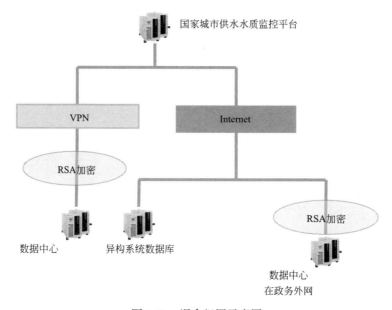

图 2-21　混合组网示意图

不排除在"十二五"随着研究的深入，为满足将来视频信息传输的需求，在国家和省级互联组网方式上采用国家电子政务外网的组网方式，在省级和市级的互联组网上采用VPN 的方式，进而充分利用国家电子政务外网的带宽。

2.7 应用软件

2.7.1 全国城市供水管理信息系统 V2.0

全国城市供水管理信息系统是采集供水企业月供水量、月水质数据等完整基础信息的上报软件。所有源程序于 2011 年 2 月移交给住房和城乡建设部信息中心，部署在住房和城乡建设部信息中心机房，作为住房和城乡建设部信息中心在全国上线的母版，将其中的数据采集模块集成到示范地"城市供水监测预警系统技术平台"，用于多源信息采集，是项目的关联课题——《水质信息管理系统及可视化平台关键技术研发与示范》（课题编号：2008ZX07420-003）和《水质安全评价及预警关键技术研发与应用示范》（课题编号：2008ZX07420-004）研究的数据支撑。

该软件在国家级监控中心可以展示示范地山东省、杭州市、东莞市"城市供水水质监测预警系统技术平台"上传的数据，展示江苏省自建系统城市供水水质上报数据。

2.7.2 城市供水水质监测站点空间信息采集系统 V1.0

城市供水水质监测站点空间信息采集系统是 B/S 结构软件。系统软件的开发背景是大多数国家站缺乏便利的城市供水水质监测站点分布图工具，尤其是各类纸介质图件不易绘制、保存，导致图件更新滞后。

城市供水水质监测站点空间信息采集系统的技术特点：基于 Flex 的 RIA 技术以及Web Service 技术，并结合 GIS 理论来进行开发和研究。前台基于 Flex 的 RIA 技术可以快速部署客户端程序，并使得整体程序更加健壮、反应更加灵敏和更具有令人感兴趣的可视化特性，而后台采用 Web Service 技术使得整体框架更为灵活，具备了跨平台的可互操作性。在公网上，利用开源地图资源作为城市地图底图，为各城市供水企业用户提供地表水源水、地下水源水、出厂水、管网水的水质在线监测点、日常水质监测点、督察水质监测点等空间点位数据采集，系统将获得的空间点位信息存在建设部城市供水水质监测中心服务器的数据库中；系统可以为城市、省级和国家级用户提供饼图、数字图、列表形式的城市供水水质监测点分布的空间信息和统计信息，同时可以通过统计浏览辖区的监测点的分布，浏览各监测点基础信息。

该软件服务于国家城市供水水质监测网各国家站，为各国家站提供城市供水水质各类监测点空间布局的信息采集平台，以其实用性获得大多数监测站的认可，正在逐步得到应用。

第3章 在线监测信息采集与传输技术

3.1 技术研究基础

美国、日本、英国、芬兰等国家自20世纪60年代陆续开始建立以地表水监测为主的环境水质监测系统，各地的监测系统根据需求涉及不同的监测项目，归纳有：水温、pH、浊度、电导率、溶解氧、氨氮、生化需氧量、化学需氧量、总有机碳、硝酸盐氮、悬浮固体等。

在我国，环保主管部门为了能够及时全面地掌握主要流域重点断面水体的水质状况，预警或预报重大（流域性）水质污染事故，建立了全国重点河流水质监测网。

作为城市供水企业的生产质量控制，"十一五"前，全国39个重点城市中，89.7%的城市安装了城市供水水源在线监测点，97.4%的城市安装了城市供水水厂出厂水在线监测设备，59%的城市安装了城市供水水质管网在线监测点。城市供水厂的出厂水与供水管网水的水质指标监测项目为浊度、余氯；供水水源在线监测项目达20多种，但以浊度、pH为主，其次为氨氮、电导率、溶解氧和温度。

国内外水质在线监测数据的通信传输方式基本都根据实际情况选用无线或有线。

国内由于饮用水水源的环境问题日益突出，环保与水利部门涉入水质在线监测点建设较早，已经积累了部分地表水监测项目的设备选型、运维经验，具有可借鉴性，但在生物毒性、UV254、总有机碳等综合性指标的监测数据判读等方面也属于起步阶段。对重金属、毒理学指标的监测设备运维等技术同样处于起步阶段。在水质监测设备选型、量程选择、监测项目、信息采集内容、频率等方面，由于监控的目的不同，在城市供水水质监控网络的建设中必然不同。国内的总体趋势是，在线监测项目在不断增加，综合性指标的应用范围在扩大，重要的任务体现在数据的解读和共享。

出厂水与管网水水质在线监测点建设的主要可借鉴性来自于国家重点城市的供水企业实践之总结。

在我国城市，出厂水、管网水的在线监测项目主要有：pH、余氯、浊度；水源水在线监测项目有：水温、浊度、高锰酸盐指数、pH、电导率、氨氮、总有机碳、叶绿素a和溶解氧等。在线监测项目主要为城市供水企业作为生产调度的依据，但大多数不向城市主管部门提供。

为了可以在第一时间向城市供水水质预警系统提供水质变化信息，满足各级政府掌握水质超标的突然变化情况，有必要将城市供水水质在线监测数据进行采集，供三级城市供水主管部门监控城市供水水质信息。

3.2　城市供水水质在线监测站点建设技术

3.2.1　城市供水水质在线监测站点位置选择

3.2.1.1　原水水质在线监测站点的选择

水源水水质监测站点的选择考虑如下因素：

地理位置。为确保预警反应时间，地表水源水在线监测点应尽可能设置于取水口，地下水源水在线监测点一般设置在全部取水井的汇流点。应具备土地、交通、通信、电力、清洁水及地质等良好的基础条件，不受城市、农村、水利等建设的影响。交通方便，满足监测仪器仪表进出、监测站维护和试剂更换等要求；有可靠的电力保证而且电压稳定，满足仪器设备的电力供应要求，以保证监测站的正常运行；具有自来水或可建自备井水源，水质符合生活用水要求；有直通（不通过分机）电话通信条件，而且电话线路质量符合数据传输要求，或具备有线宽带互联网或无线通信可以覆盖，保证数据的连续传输。在选择无线通信方式时，监测站具体位置的选择应当兼顾监测和通信的要求，尽可能保证具有最佳的无线通信信号。当原水是经过远距离输水管道（尤其是明渠）进入水厂时，除建立原水取水口水质在线监测点外，建议在水厂进水管设置原水进厂水质在线监测点。

水深状况。比较稳定的水深，保证系统长期运行。要考虑到雨季和旱季水位的变化，枯水季节水面与河底的水位不得小于 1.5m，保证能采集到水样，有利于采水设施的建设、运行维护和安全。

取水点与站房的距离。取水点距站房的距离以不超过 100m 为宜，枯水期亦不得超过150m，而且有利于铺设管线和管线的保温设施；如果利用已有的封闭式取水管（如供水系统的取水管道），站房距河、湖岸的距离亦不应超过 500m，并应对该水源的水质与准备截水处的水质变化做实际分析对比，当水质指标变化大于10%时，应单独采水；枯水期时的水面与站房的高差一般不超过采水泵的最大扬程。

3.2.1.2　出厂水水质在线监测站点的选择

根据现有水厂实际情况，计划在各水厂靠近出水泵房位置设置出厂水水质监测点。地下水厂结合原水监测点计划合并建设。

3.2.1.3　管网水水质在线监测站点的选择

管网水水质在线监测点的布局应与城市供水水质日常监测点的选择相结合，管网水质在线监测点能够充分反映对应水厂出厂水水质变化、管网水混合后水质变化及末梢水水质情况。尽可能选择在主要输配水管、部分配水管、重点用户、管网末梢点的管道上，采样点要分布均匀。

具体布点主要考虑以下 5 个方面：

（1）重要用户：包括居民集中区、学校、医院、机关单位；

（2）一般用户：包括厂矿、企业；

（3）管网末梢；

（4）均匀性；

（5）不同水质混合点。

当选择无线通信方式时，为保证监测数据的实时传输，监测站具体位置的选择应当兼顾监测和通信的要求，当城市具有多个无线通信网时，应通过现场测试比较选择最佳的无线网。

3.2.2　城市供水水质在线监测项目选择要求

3.2.2.1　地表水作为城市供水原水的在线监测项目选择

首先要根据当地的水质特点选择监测指标，它直接决定了一个在线监测站的建设投资需求。如何合理地选择监测指标，一般要遵循以下几个原则：

（1）所选指标尽可能反映比较多的水质特征。

（2）对当地水体的水质状况进行综合分析，明确主要污染物属于哪种类型，具体是什么物质，历年的演化趋势，拟建站点附近人类活动情况可能带来的特殊影响，如有无工厂、有无发生紧急污染事故的可能等。选择一些有重要指导意义的、综合性的、基础性的指标和根据具体监测点的实际情况有针对性的指标，达到水质监控和预警的目的。

（3）以水质监测的管理需要为出发点，满足正确评价水质的需要。

（4）选择指标时，要考虑是否具有合适、成熟的仪器设备。不同的水体，水质有其特殊的水环境特点，不但要求检测技术成熟的设备，还要求仪器采用的检测方法能适应这些特殊的水体，使得这种不利因素对检测结果的影响尽量减小，检测结果与实验室数据有较好的可比性，设备故障率低，方便后期对仪器设备的维护。

由于我国城市供水地表水水厂净水工艺仍以常规工艺为主，为使原水水质在线监测信息可以指导净水工艺中的加投药，为出厂水水质达标服务，对不同的地表水源地在线监测项目的选择有如下建议。

（1）依据《生活饮用水卫生标准》（GB 5749-2006）水质检测要求，水源水日检的必检项目为浑浊度、色度、臭和味、肉眼可见物、高锰酸盐指数、氨氮、细菌总数、总大肠菌群、耐热大肠菌群；结合在线监测常用的五参数（浊度、pH、溶解氧 DO、电导率、温度），设定常规五参数、高锰酸盐指数、氨氮为水源水在线监测的基础项目。

（2）对于湖泊、水库为水源的水厂，可选择增加藻类（叶绿素或蓝绿藻等）、总有机碳（TOC）、总磷、总氮等基础项目；根据水质特点增加其他项目，如 UV、生物鱼行为强度测定仪等。

（3）对于河流为水源的水厂，建议按照水源地和水系特点，在集中取水水源地上游建设集中的水质在线监测站点形成城市供水水质的第一道防线，监测项目在基础项目上可选择增加总有机碳（TOC）、重金属、水中油类、UV、在线毒性（生物鱼行为强度测定仪）

等有关项目；在水厂取水口建立浊度与 pH 在线监测。

（4）对位于沿海地区易受咸潮影响的水源，可选择增加盐度等有关项目。

此外，现有城市供水水厂实际上均基本建有简单的原水养鱼观察预警，该方法具有实用、成本低的特点，建议保留。

3.2.2.2　地下水作为城市供水原水的在线监测项目选择

对于地下水水厂，除部分水厂根据当地水质，建有除铁、锰工艺，大多数水厂以消毒供水为主，因此，可在进厂原水管建立原水水质在线监测点，监测项目可根据水源地水质特点，选择浊度、pH、水温、氨氮、电导率全部或部分指标，监控水源地水质的变化。

3.2.2.3　出厂水、管网水水质在线监测项目选择

监测项目为浊度、余氯，可选项目为 pH 和其他根据城市供水管网水质具体情况增加的项目。

3.2.3　水质在线监测仪器设备选型要求

3.2.3.1　选型要求

（1）量程适应监测源的水质变化。一般来说，供水水源地的水质较好，相对污水在线仪器来说测量量程小，要求的精度高。

（2）检测误差符合国家现行相关标准的规定。

（3）维护量少，运行成本低。

（4）使用试剂少，不产生二次污染。

（5）认证要求：按国家规定取得批准证书或生产许可证。

3.2.3.2　基本功能要求

（1）应具有电源开/关控制功能。

（2）应具有时间设定校对、显示功能。

（3）应具有自动零点、量程校正功能。

（4）应具有测试数据显示、存储和双向数据及信号传输功能。

（5）应具有分析日程设置功能。

（6）应具有自动清洗与标定功能。

（7）意外断电且再度上电时，应能自动排出系统内残存的试样、试剂等，并自动清洗，自动复位到重新开始测定的状态。

（8）应具有故障报警、超标值报警、仪器运行参数（试剂量、水样量等）报警功能，并且能够将故障报警信号远程传输到系统平台。

（9）应具有故障诊断功能。

（10）应具有状态值查询功能。

（11）应具有密封防护箱体及防潮功能。

（12）应具有远程接收系统平台的外部触发命令、启动分析等操作的功能。

（13）应具有防雷和抗电磁干扰（EMC）能力。

（14）通信协议：支持 RS-232、RS-485 协议。

3.2.3.3　数据采集仪技术性能要求

数据采集仪通过数字通道、模拟通道采集在线监测仪器的监测数据、状态信息，然后通过传输网络将数据、状态传输到监测中心，同时监测中心通过传输网络发送控制命令，数采仪根据命令控制在线监测仪器工作，数采仪基本要求见表 3-1。

数采仪基本要求

表 3-1

序号	硬件要求
1	CPU 采用 32 位 ARM 处理器，主频不小于 180MHz，内存不小于 64M，闪存不少于 18M，并采用工业级设计
2	数据采集设备必须采用一体化结构设计，同时具备 2 个以太网接口和 1 个 GPRS 无线网络接口
3	数据采集单元，应至少具备 2 个 RS232（或 RS485）数字输入通道并有可扩展性，用于连接监测仪表，实现数据、命令双向传输
4	I/O 模块技术要求：至少 6 路 AI 模拟量输入接口、4 路 DI 输入端口、4 路 DO 输出接口；AI 模拟量输入接口，应支持 4～20mA，0～20mA，0～5V，0～10V 的输入，AI 采用 16 位以上 A/D 芯片，AI 采样精度最大误差应小于 0.1％；DI/DO 输入输出接口：应采用光耦隔离，隔离直流电压不低于 2500V；不接受通过采用外挂模块达到 I/O 模块技术要求
5	采集器需具备至少 1G 内部存储空间，至少可以保存 30d 以上的采集历史数据，断电后数据不可丢失
6	产品必须提供相关检测机构提供的电磁兼容性报告，磁兼容性能要求在抑制高频干扰、静电放电、快速瞬变干扰、雷击浪涌等方面指标都达到 3 级标准
7	具有高精度实时时钟，要求时钟误差不大于 1s/d，断电后可连续运行和自动同步功能
8	支持 GPRS/CDMA/ADSL/PSTN/WLAN/短波电台等多种通信方式
序号	功能要求
1	数据采集设备应具备多中心数据传输功能，支持至少 4 个中心数据发送，并可以独立配置各中心的数据发送频率，发送频率可设置为 60s～12h
2	支持指定的传输协议，同时支持 MODBUS、现行行业标准《污染源在线自动监控（监测）系统数据传输标准》（HJ 212）（HJ/T 212-2005）等标准
3	数据采集传输后，将数据包写入现有管理平台标准数据库中，与现有平台无缝对接
4	串口通信参数可远程或在采集器本地进行设置
5	采集器需支持实时及历史数据查询和校时等功能
6	支持 Web 形式对采集器进行简单配置，如 IP 地址等
7	数据采集设备应内嵌数据库，在与中心的通信临时中断后，至少可以存储 15d 的数据，并应具备数据断点续传功能，通信一旦恢复可以将存储的数据再传回中心
8	数据采集设备必须主动采集实时数据，并主动向上位通信前置机发送实时数据
9	数据采集设备应具备远程维护功能，能够在不去现场维护的前提下，远程将某个指定的数据采集设备的软件进行单独升级
10	采集器应支持对采集子系统故障的定位和诊断，并可通过中心软件查询故障信息及运行状态信息
11	支持远程反控功能
12	应具有开发采用其他传输协议接收计量装置数据的能力

3.2.3.4　城市供水水质在线监测站房建设要求

（1）地表水作为城市供水原水的水质在线监测站建设要求

地表水源水水质在线监测站一般选用固定式全自动建设方案。一般要求如下：

1）站房应为永久性建筑，大小适中，除能安放全部监测仪器外，还应留有存放辅助设备和工作人员活动的空间。

2）站房在设计和建设方面，必须满足仪器设备对温度、湿度等方面的要求。

3）站房外形设计、设备布置、管线布局应合理、美观。尤其应注重取水管线的合理布局。

4）站房具有抗震、防洪、防雷、防火、防盗、防渗漏、防静电等功能。在线设备应建立单独接地线的防雷系统，不能与建筑防雷地线连接，否则可能导致仪器通信串口损坏。

5）站房地面高度应根据当地水位变化情况而定，能够抵御 50 年一遇的洪水。

6）站房的供水、供电稳定正常。

7）室内具有防冻、防高温、防潮湿、防虫、防尘、防电磁波干扰等措施。

8）站房给水排水的设置应合理、规范，要预留好进出站房的给水排水通道。

9）在选择无线通信方式时，监测站具体位置的选择应当兼顾监测和通信的要求，尽可能保证具有最佳的无线通信信号。

（2）地下水作为城市供水原水的水质在线监测站建设要求

地下水源水水质在线监测站建设在水厂进厂原水管道上，在线设备在厂房适当位置采用壁挂式，减少占地，且应便于维护。

当地下水厂为间歇性供水时，应在监测站房建设蓄水设备，以保证在线监测仪表的正常运行和使用寿命。

（3）出厂水水质在线监测站建设要求

出厂水在线监测设备一般采用壁挂式安装，建在出水泵房，应对每个出厂输水管进行监控。监测项目选择浊度、余氯，可根据需要增加 pH 等指标。

（4）管网水水质在线监测站建设要求

管网水在线监测站建设应因地制宜，可选择室内壁挂式、露天机柜式或站房式，一般要求为：

1）具有抗震、防雷、防火、防盗、防渗漏、防静电等功能。

2）供水、供电稳定正常。

3）具有防冻、防高温、防潮湿、防虫、防尘、防电磁波干扰等措施。当采用露天机柜式，南方地区应注重防高温，可在机柜顶部建立排风扇和通风口，并建有遮阳棚。

4）给水排水的设置应合理、规范，要预留好进出站房的给水排水通道。

3.2.3.5　城市供水水质在线监测站采样系统建设要求

（1）地表水水质在线监测点采样系统建设要求

1）采水单元

采水单元由取水泵组件、采样浮筒、隔离栅、压力流量监控、采水管道等部分组成，采水系统在建设时采用最大化原则设计建设：保证在汛期或枯水期能正常工作而不至被损坏。

① 双泵双管路配置

采水单元应采用双泵双管路进样，在取水管道设有压力流量监控装置，控制系统可以通过该装置实时监控取水单元的运行状态。当压力流量所提供的信息说明取水泵不能打水时，控制系统会及时切断该水泵的电源，并启动另外一台备用泵工作。

应根据不同采水情况，配置不同采水水泵。为保证温度、溶解氧等参数的不变，通过取水泵和管道内径的选择配合，保证采样管中水样流速控制在 0.8～1.2m/s，使水样在管路中保持稳流状态。采水泵的总水量应满足所有仪器的用水要求，适当考虑将来增加 2～3 台分析仪器的可能用水量。

② 采水管路

采水管路采用具有较强的机械性能、抗压、耐磨、防裂的管材，具有较好的化学稳定性，耐腐蚀，防止藻类滋生，将对水样质量的影响减少到最低。

在取样头前端外加较粗的过滤网，采水管路前端配备减压阀，后端配备球阀，以便流量和压力的调节，可起到防淤、防压等作用。

采水管路在安装时采取每 4m 安装一个活接，以方便拆卸；同时室外管线均应安装保温套管进行绝热处理（可控温的伴热装置），以减少环境温度等因素对水样造成的影响，采取以上措施后，对水温的影响将低于10％。对于通过公路的地埋室外管线，地埋深度不小于 70cm，外套合适的钢管保护。

采水主管路采用串联结构，且在预处理单元前后设有手动取样口，方便水样比对实验采样。各仪器并联到管路中，且在站房进水处安装压力传感器，实时显示进口压力，方便了解采水系统的工作情况。

③ 采样浮筒与隔离栅

当直接在河流或水库采水时，为保证在汛期或枯水期能正常工作而不至被损坏，宜采用浮筒取水，使取水口能够随水位变化，保证取水水管的进水孔位于水表面以下 0.5～1m 的位置，并与河底（库底）保持一定距离，既采集具有代表性的符合监测需要的水样，又保证取样吸头连续正常使用。浮筒四周安装隔离栅阻挡水面漂浮物（垃圾），防止进水口的堵塞。采水浮筒可方便人工提升与安装，以便人工的日常清洗和维护。

④ 采水单元的清洗

每测试完一个水样后通过反吹清洗单元对系统的管路进行排空，这样不会导致上次采水样对下次采样的影响。

在采水管道上设有清洗液入口，可以通入自来水或由清洗泵提供的化学清洗液对全部采水管道进行自动反冲洗。并且可以将清洗液及高压空气通过采水管路冲洗至进水口，以消除采水头由于长时间吸水运行造成的杂物淤积和藻类滋生，空气清洗与除藻可手动控制亦可设置为自动定期模式，同时可通过远程中心站或授权的维护端软件远程控制。

对于间歇性采水模式，每次采水完成后，对整个采水管路进行反吹、排空管道处理，不让水样存积。

2）仪器单元

针对饮用水水源水质要求，应把仪器标样核查浓度调整为《地表水环境质量标准》（GB 3838-2002）中的三类水标准限值，确保仪器在该限值下能够准确测试出水样。

3）采样系统

采样系统应保证不会影响进入自动分析仪器水样的水质。

取样口安装在城市管网水压压力稳定的位置，选择相对较大的配水管道。采样取水管的采水头部宜采用 45°角的剖面，开口背向水流方向安装，防止管路中夹杂的悬浮物进入监测系统。

（2）管网水水质在线监测点采样系统建设要求

取样点距离监测系统安装的距离尽可能近（原则上在 10m 以内）。

为保证监测系统的稳定性，可选用以下方式之一：

1）在进水管路增加稳压阀。

2）平衡水箱：

水样进入分析仪器的仪表上方安装平衡水箱，促使进入水质仪表的水样流量稳定并消除气泡。采样管进入平衡水箱应具备一定的流速，流速不小于 1m/s，使仪表测得数据滞后时间小于 5min。出水口流出的水样通过重力进入水质自动分析仪，水力流速应按照说明要求在平衡水箱出口的手阀进行调节与控制。

平衡水箱采用有机玻璃制作，方便观察水流变化的大小。

平衡水箱的容积：在满足水质仪基本流量要求的前提下，尽可能采用小容积，减少水样的滞后时间，确保及时反映真实的水质参数。

平衡水箱具备进水口、出水口、溢流口，箱内距离进水口 2/3 处设有一个隔板，隔板上端为栅栏，有效消除水样气泡。

3）监测设备的开关自溢流取水样装置改为注射泵取水装置。

3.3 城市供水水质在线监测站点关键编码

3.3.1 在线监测站点编码规则

城市供水水质在线监测站点编码规则的建立是为了保证在线监测站点编码在全国范围内的唯一性，便于实施三级城市供水水质监管网络管理时分行政区、分水样类型、分水司以及分水厂进行管理，进而支持相应的统计分析，数据的分类调取。详细的在线监测站点的编码规则设计如下。

3.3.1.1 编码结构

在线监测站点编码包含：水类型识别码 1 位、行政区编码 6 位、城市水司 2 位、城市水厂 2 位、站点编码 3 位，共 14 位，其结构如下：

× ××××× ×× ×× ×××

3.3.1.2 编码方法

水类型识别码（1 位）：1 为地表水源水、2 为地下水源水、3 为出厂水、4 为管网水。

行政区编码（6 位）：行政区编码采用《中华人民共和国行政区划代码》（GB/T 2260-2007）。

水司编码（2 位）：水司编码为城市供水水司的顺序码。

水厂编码（2 位）：水厂编码为对应城市供水水司的下属水厂顺序码。

站点顺序码（3 位）：站点编码为水司、水厂管理范围的站点顺序码。

3.3.2 在线监测仪器编码规则

城市供水水质在线监测仪器编码规则的建立是为了保证在线监测站点的监测仪器编码在全国范围内的唯一性，便于实施三级城市供水水质监管网络管理时分行政区、分水样类型、分水司、分水厂和分设备进行管理，进而支持相应的统计分析，数据的分类调取。详细的在线监测站点仪器的编码规则设计如下。

3.3.2.1 编码结构

在线监测仪器编码是在在线监测站点编码后叠加 2 位仪器分类编码和 2 位仪器顺序码，共 18 位，其结构如下：

× ××××× ×× ×× ××× ×× ××

3.3.2.2 编码方法

水类型识别码（1 位）：1 为地表水源水、2 为地下水源水、3 为出厂水、4 为管网水。

行政区编码（6 位）：行政区编码采用《中华人民共和国行政区划代码》（GB/T 2260-2007）。

水司编码（2 位）：水司编码为城市供水水司的顺序码。

水厂编码（2 位）：水厂编码为对应城市供水水司的下属水厂顺序码。

站点顺序码（3 位）：站点编码为水司、水厂管理范围的站点顺序码。

仪器分类编码（2 位），见表 3-2。

仪器分类编码   表 3-2

仪器分类编码	仪器名称
01	常规五参数分析仪
02	叶绿素分析仪
03	生物预警测试仪
04	高锰酸盐指数测试仪
05	氨氮分析仪
06	总有机碳(TOC)
07	在线藻类分类检测仪
08	生物毒性监测仪

仪器分类编码	仪器名称
09	在线光谱仪
10	在线石油类监测仪
11	总磷、总氮监测仪
12	浊度在线分析仪
13	余氯分析仪
14	电导率分析仪
15	溶解氧(DO)分析仪
16	重金属分析仪
17	挥发性有机物(VOC)分析仪
……	……

仪器顺序编码（2位）：仪器顺序编码为站点内的仪器顺序码。

3.3.3　数采仪设备编码规则

城市供水水质在线监测站点数采仪编码规则的建立是为了保证在线监测站点数采仪编码在全国范围内的唯一性，便于实施三级城市供水水质监管网络管理时分行政区、分水样类型、分水司、分水厂以及分数采仪进行管理，进而支持相应的统计分析，数据的分类调取。详细的在线监测站点数采仪的编码规则设计如下。

3.3.3.1　编码结构

数采仪设备编码包含：行政区编码6位、厂商代码2位、数采仪编码2位，共10位，其结构如下：

×××××× ×× ××

3.3.3.2　编码方法

行政区编码（6位）：行政区编码采用《中华人民共和国行政区划代码》（GB/T 2260-2007）。

厂商编码（2位）：数采仪厂商的顺序码。

数采仪编码（2位）：以城市为单位，按厂商统计的数采仪顺序码。

3.4　在线监测网络实时数据采集与传输

3.4.1　水质在线数据采集传输仪与数据中心通信协议

数据采集传输仪与数据中心之间采用 TCP 连接方式进行交互，默认端口为4400（端口可配置，数据中心可对其进行配置）。有效数据内容为经过 AES（128位）加密后的 XML 数据。

3.4.1.1　身份认证

数据采集传输仪与数据中心建立连接后，数据中心需对数据采集传输仪通过 MD5 算法进行身份认证，认证过程如下：

（1）TCP 连接建立成功后，数据采集传输仪向数据中心发送身份认证请求；

（2）数据中心向数据采集传输仪发送一串由数据中心随机生成的随机序列；

（3）数据采集传输仪将接收到的随机序列和本地存储的认证用密钥串合并为连续串，计算该串的 MD5 值并发送至数据中心；

（4）数据中心将随机序列和本地存储的认证用密钥串合并为连续串，计算该串的 MD5 值并与接收到的 MD5 值进行比较，若相同则发送认证成功至数据采集器，否则发送认证失败至数据采集传输仪；

（5）认证用密钥串在数据采集传输仪和数据中心中都存储在本地文件系统上，可手动进行认证用密钥串的更新（图 3-1）。

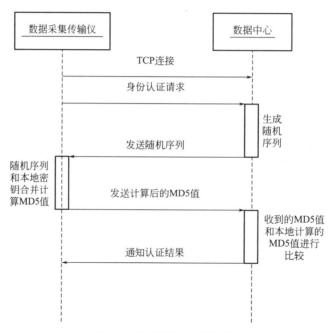

图 3-1　身份认证过程示意图

3.4.1.2　历史数据恢复

数据采集传输仪上传数据失败或与数据中心连接断开时，必须在本地保存历史数据。与数据中心重新建立连接后，应主动进行历史数据恢复。历史数据恢复分为主动恢复和被动恢复两种类型。

主动恢复类型是在数据采集传输仪重新连接数据中心后向数据中心发送历史数据恢复请求，数据中心回应允许发送历史数据后方可向数据中心发送历史数据，历史数据的数据时间间隔应与设置的数据主动发送间隔一致（图 3-2）。

被动恢复类型则是在数据采集传输仪接收到来自数据中心的对某一段时间的数据请求

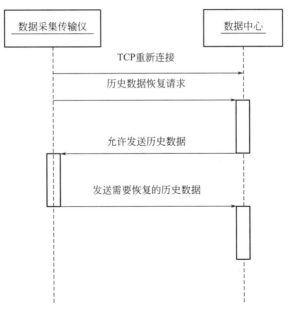

图 3-2 主动恢复历史数据过程示意图

后，向数据中心发送该时间段内的历史数据，历史数据的数据时间间隔应与指令中要求的时间间隔一致。所有历史数据也均需带有采集时间及采集质量码（图 3-3）。

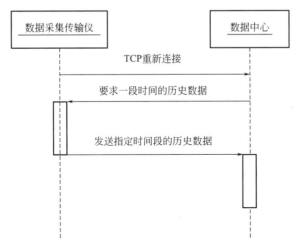

图 3-3 被动恢复历史数据过程示意图

3.4.1.3 数据封包格式

数据封包结构见表 3-3。

数据封包结构表 表 3-3

项目	长度	定义	说明
包头	4 字节	0x68 0x68 0x16 0x16	
有效数据总长度	4 字节		代表当前数据包中的"有效数据"的长度

续表

项目	长度	定义	说明
有效数据	N 字节 （M＋4）		"有效数据"为数据包的实体内容,M 含义见 "有效数据"基本结构中"指令内容"说明
CRC 校验	2 字节		只对"有效数据"进行 CRC 校验
包尾	4 字节	0x55 0xAA 0x55 0xAA	

有效数据结构见表3-4。

有效数据结构表　　　　　　　　　　　　　　　　　　　　表 3-4

项目	长度	定义	说明
指令序号	4 字节		该标识符由指令发起方指定,标识了指令发起方向指令 应答方发送的指令,指令应答方应答时,本项内容需要 按照指令发起方提供的标识符来进行填充
指令内容	M 字节		根据指令的不同,内容不同,指令内容为经过 AES 加密 后的 XML 文本

数据类型见表3-5。

数据类型表　　　　　　　　　　　　　　　　　　　　　　表 3-5

ID	类型	长度(字节)
0	字符型	1
1	布尔型	1
2	无符号短整型	2
3	有符号短整型	2
4	无符号长整型	4
5	有符号长整型	4
6	单精度浮点型	4
7	双精度浮点型	8
8	字符串型	
9	二进制数据	

3.4.1.4　指令列表

身份验证指令见表3-6。

身份验证指令表　　　　　　　　　　　　　　　　　　　　表 3-6

指令内容	type 元素内容	备注
数采仪请求身份验证	request	
数据中心发送一串随机序列	sequence	内容:身份验证数据包
数采仪发送计算的 MD5	md5	元素名称:id_validate
数据中心发送验证结果	result	

系统授时和心跳指令见表 3-7。

系统授时和心跳指令表 表 3-7

指令内容	type 元素内容	备注
数采仪定期给数据中心发送存活通知	notify	内容:心跳/校时数据包
数据中心在收到存活通知后发送授时信息	time	元素名称:heart_beat

配置信息数据包指令见表 3-8。

配置信息数据包指令表 表 3-8

指令内容	type 元素内容	备注
数据中心对数采仪采集周期的配置	period	内容:配置信息数据包
数采仪对数据中心采集周期配置信息的应答	period_ack	元素名称:config

水质远传数据包指令见表 3-9。

水质远传数据包指令表 表 3-9

指令内容	type 元素内容	备注
数据中心查询数据采集传输仪	query	
数采仪对数据中心查询的应答	reply	
数采仪定时上报的水质数据	report	内容:水质远传数据包
数采仪断点续传的水质数据	continuous	元素名称:data
全部续传数据包接收完成后,数据中心对断点续传的应答	continuous_ack	

扩展指令见表 3-10。

扩展指令表 表 3-10

指令内容	extend 节点属性	备注
标准应答指令	operation= * _ack	* 表示被应答指令名称,如重启指令(restart)的标准应答即为 restart_ack
设备重启	operation＝restart	重新启动数据采集传输仪
设置私有密钥	operation＝setkey	设置数据采集传输仪身份验证时使用的 MD5 验证串、AES 密钥和 AES 初始向量

3.4.1.5 XML 数据包

参见本书 6.6 节。

3.4.2 市级供水水质监控中心在线监测信息采集与传输

市级供水水质监控中心在线监测信息采集内容,包括水质数据及收发指令(无视频图像等大数据量)。

监测点设置在水源地、水厂、管网各处,可能地处偏远地区,在选择信息采集与传输方式时,要考虑当地的网络条件是否满足实时在线的性能,同时应考虑长期的运维成本。

水质在线监测数据采集网的建设是应用物联网的理论,采用成熟的信息化与工业化深度结合的两化融合技术。在线监测仪器到数据采集仪之间的短距离通信,主要依赖成熟的 ModBus 现场总线串口通信;数据采集仪与远端数据中心的长距离通信主要采用 GPRS 无线、ADSL 有线两种通信方式。

因此,市级供水水质监控中心在线监测信息采集方式可以根据条件,选择 GPRS 无线或 ADSL 有线,随着将来信息化的发展,可进一步选择稳定性更好的、低成本的传输方式。

3.4.3　在线监测信息由市级向上级数据中心的传输

市级供水水质监控网的在线监测实时水质数据可以选择两种方式向上级数据中心发送(图 3-4)。

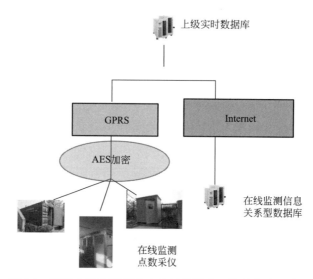

图 3-4　市级在线监测信息向上级数据中心传输方式示意图

第一种方式:由市级供水水质监控中心主服务器许可,在线监测设备数采仪单点多发监测数据,市级与上级监控中心得到同步实时数据。

第二种方式:由市级供水水质监控中心数据库服务器与上级供水水质监控中心数据库服务器通过网络连接,实现数据库层面的实时传输。

3.5　在线监测设备运行状态监控

针对在线监测设备维护期、停水停电等特殊情形下,在线监测设备返回异常数据,可能导致误报警事件,且影响可视化曲线的展示效果。因此,在数据接收软件设置了用户初始设置对话界面，可以对每个监测指标设置"预警上限"、"预警下限"、"设备上限"、"设备下限"、"曲线上限"、"曲线下限"，利用此界面，用户可以根据工作中实际的积累进行定制，避免误报警事件的发生。

3.6 在线监测网络运行的管理监控

3.6.1 运行维护总则

城市供水监测部门应设立水质在线预警监控系统的运行管理部门，明确专职人员，并制定水质在线监测系统的运行管理制度。

水质在线预警监控系统的维护人员应能熟练系统的日常操作和维护，定期参加相关的技术培训，通过考核后持证上岗。

水质在线预警监控系统实行"日监控，周巡查"的日常管理制度。"日监控，周巡查"即每天定期（一般2次）通过远程监控在线仪器的运行状况并对数据进行审核，每周至少进行一次现场维护。

严格按照仪器系统的运行指南或规定进行定期的日常维护，保证系统的正常运行。

远程监控及现场维护须有记录备查，远程监控和现场维护的记录须统一制定。

3.6.2 维护管理细则

3.6.2.1 一般要求

（1）站房内应保持清洁，应定期进行清扫。

（2）各仪器应保持内外干净清洁，内部管路通畅，保证出水正常。

（3）各分析仪器应防止日光直射，保持站房环境的温湿度符合仪器要求。

（4）避免仪器振动。

（5）日常基础维护应包括：供电是否正常、有无漏液、管路是否有气泡、管路是否老化、试剂是否充足。

3.6.2.2 每天定期远程巡查

水质在线预警监控系统维护人员每天至少1次（一般要求每天早晚各1次）通过中心软件远程查看和下载监测数据，对各站点进行远程管理和巡视，内容包括：

（1）根据仪器的分析数据判断仪器的运行状况。

（2）根据电源、站房内温湿度、水感、烟感等数据情况判断站房内部情况。

（3）查看数据和日志，如果监测数据持续出现异常或者通信出现中断的情况，应立即进行记录并报告维护人员，派人前往现场进行调查分析，必要时要采集水样带回进行人工分析。

3.6.2.3 每周定期现场巡查

水质在线预警监控维护人员每周至少巡视自动监测站1次，主要维护内容包括：

（1）检查仪器设备是否齐备，温湿度仪器、水感、烟感等传感器是否正常。

（2）检查系统供电、供水是否正常，管路有无泄漏现象，关键管路是否老化、堵塞等，若出现泄漏、堵塞等情况需及时更换。

（3）检查仪器设备及附属设备运行状态和主要技术参数，判断运行是否正常；检查试剂是否充足。

（4）检查在线监测仪器的通信系统是否正常。

3.6.3 系统各单元的维护说明

3.6.3.1 采水单元

采水单元的维护检查主要包括潜水泵（自吸泵）、管路、水表、压力表、过滤设施等设备的维护和检查，见表3-11。

采水单元的维护检查内容 表 3-11

维护周期	维护对象	维护检查内容
每周1次	自吸泵/潜水泵	①根据管路压力判断水表运行情况 ②检查自吸泵储水罐中是否有水 ③检查潜水泵周围是否有杂物，以免水泵堵塞造成损坏
每月1次	自吸泵/潜水泵	①每1~2个月清洗1次潜水泵泵体，清除格栅网杂物 ②若为单泵取水，则每月更换一次备用水泵 ③检查潜水泵线缆连接情况，检查是否暴露于地面，若暴露出地面应重新填埋，防鼠咬断
每月1次	管路和阀门	①检查1次取水管路，防止堵塞、弯曲、折叠、损坏 ②检查配水管路各电动球阀动作情况，并清洗阀体，防止杂物损坏阀体，防止因阀体损坏造成系统故障
每2月1次	过滤网	清洗过滤装置
	潜水泵	清洗泵体
	取水管路	①检查是否出现打折现象，是否通畅 ②清理管路周边杂物，在杂物含量大或藻类密集时，视情况决定清洗时间间隔

3.6.3.2 配水与进水单元

配水与进水系统的维护检查对象主要是配水管路、水泵、电动球阀、水箱等设施，见表3-12。

配水与进水单元的维护检查内容 表 3-12

维护周期	维护对象	维护检查内容
每周1次	管路	①每周检查配水管路工作情况，是否有滴漏现象； 检查气泵工作情况，根据使用情况进行维护

维护周期	维护对象	维护检查内容
每月 1 次	球阀	在每月在不影响系统运行的情况下采用手动方式开关几次配水管路中的所有手都球阀,清楚阀内杂物,防止损坏
	各水泵	通过管道的压力变送器检查各水泵是否能够达到设计水量、设计压力
	进样系统,包括过滤器、进样管等	进行清洗
每 2 月 1 次	配水管路	①检查是否有滴漏现象 ②根据样品污染情况进行清洗
不定期	各球阀	开关 2~3 次配水管路中的所有球阀(注意:必须在不影响系统运行的前提下进行,建议关闭系统),清洗阀内杂物,防止损坏阀体,防止堵塞,清洗阀体

3.6.3.3 分析单元

(1)按照在线监测仪器说明书的要求制定监测仪器校准计划,规定每季度进行一次仪器校准测试,必要时增加仪器校准测试次数;仪器校准前应先检验仪器的灵敏度,并比较仪器校准前后标定系数的变化,若变化较大,应该分析原因。若校准测试误差较大时,必须对检测仪器进行重新标定。

(2)定期对运行试剂进行采购与补充,按照仪器说明书的要求定期进行试剂添加,配制仪器检测用分析试剂,所用分析试剂等级要求与期限符合规范标准,校准使用液一般不得超过一个月,仪器有特别要求的应按照说明书处理。试剂更换后必须进行标准曲线的校准,并进行记录。注意减少监测点内试剂的存放,尤其是易挥发性的有机溶剂,以免造成对仪器及试剂的污染。现场配制试剂应规范操作,使用洁净器皿和标准量具。

(3)根据各水质在线监测点配置的分析仪器类型,采取对应的检查维护措施,应严格根据各种仪器的操作规程与维护手册进行日常的操作和维护。必须保持仪器内外的清洁,对进样管路、仪器进行定期的清洁维护。注意经常检查排水管路的通畅情况,及时清除管路中淤积的污物。经常性检查仪器进样管路、试剂管路中是否有气泡存在,若有气泡应及时排出。注意经常检查仪器的工作状态,记录仪器的状态参数和工作参数(如标定系数等)。按照仪器要求,定期检查并及时更换相关零部件。

(4)仪器发生故障,应立即排出水样,若不能排出,应立即上报水质监控中心有关部门,进行报修、停机等处理,并做好相应记录。为保证监测数据的连续性,在维修的同时取得当时水样带回中心实验室进行手工分析,并记录结果。

(5)如果系统或仪器长时间停机,必须对仪器的内部管路和传感器进行清洗,并按照仪器说明书或操作规程对仪器的探头、电极进行必要的清洗和保存。

(6)在线监测仪所产生的废液,采取统一收集、集中处理的方式。

3.6.3.4 系统控制单元

主要对系统控制单元的电源、电压、电缆、室内终端设备等进行维护检查，见表3-13。

系统控制单元的维护检查内容　　　　　　　　　　　　　表 3-13

维护周期	维护对象	维护检查内容
每周1次	设备	检查市电及UPS的输出是否符合技术要求，即电压220V±10%，接地电阻小于5Ω。突发异常情况需及时排查，及时汇报，做好记录
每月1次	控制单元	计算机杀毒

3.6.3.5 数据传输系统

（1）每周至少检查一次站房内通信终端设备的运行情况。检查电缆连接是否可靠，电脑显示是否正常，如出现异常，须与中心及时联系，并做好故障及处理记录。

（2）定期检查监测点数采仪运行情况；检查通信软件运行情况，检查通信是否通畅。

（3）每月定期检查室外电缆连接是否可靠，防水性能是否良好等。

（4）及时缴纳通信费用，保证水质监测站点通信畅通。

3.6.3.6 辅助单元

主要为供配电系统、空气压缩机等，应定期检查其是否运行正常，见表3-14。

辅助单元的维护检查内容　　　　　　　　　　　　　表 3-14

维护对象	维护周期		
	每月1次	每2月1次	每年1次
空气压缩机	水罐放水	检查气泵的工作状况，根据其使用状况进行维护	—
稳压电源	—	—	每年定期申请专业维修人员维护稳压电源和继电器
UPS	检查市电及UPS的输出是否符合技术要求，即电压（220±22)V，接地电阻小于5Ω。突发异常情况需及时排查，及时汇报，做好记录	—	—
防雷设施	检查防雷设备的接口是否稳固		每年定期请专业检测人员进行检测和维护

3.6.4 停机维护

按照编制的停机检修计划，定期（每年至少一次）对监测站进行停机检修，停机检修计划应当得到水质监控中心的批准。停机检修时做好停机检修记录。

3.6.4.1 短时间停机

一般关机即可，再次运行时仪器需重新校准。

3.6.4.2　长时间停机

如果分析仪器需要停机 24h 或更长时间，需关闭分析仪器和进样阀，关闭电源；并用蒸馏水清洗分析仪器的蠕动泵以及试剂管路；清洗测量室并排空；对于测量电极，应取下并将电极头浸入保存液中存放。

3.6.5　零配件、易耗件定期更换

各水质在线监测站点应根据水质状况和监测点环境条件制定易耗品和消耗品（如泵管、滤膜、活性炭及干燥剂等）的更换周期，做到定期更换；如果需要更换零配件（如电极等），应提前订货。

部分仪器设备，应定期聘请专业人员维护维修，如：水泵应每年聘请专业人员维护维修或更换 1 次。

3.6.6　日常运行维护记录

水质在线预警监控系统运行人员应认真做好仪器设备运行记录工作，对系统运行情况和维修维护情况应详细记录。

3.6.7　综合性指标的判读研究

为充分利用在线监测信息，应积极开展综合性指标的判读研究，总结适用于本地水环境的综合性指标与污染物之间的关系曲线，提高城市供水水质预警能力。

3.7　应用软件

3.7.1　国家城市供水水质在线监测数据通信管理平台 V1.0

国家城市供水水质在线监测数据通信管理平台软件为 C/S 结构。提供了数采仪监控、在线监测点监控、数采仪配置、在线监测设备配置、在线监测点配置等功能。

当安装在主服务器时，可以接收在线监测设备发回的监测数据，监控数采仪、在线监测点状况，可以对数采仪、在线监测设备和采集点进行配置，如在山东省监控中心机房安装的该系统。

当安装在辅服务器时，通过主服务器的许可，可以接收远程在线监测实时数据，例如，应用于国家级平台承担接收山东省级在线监控网络框架的实时数据。

3.7.2　城市供水水质在线监测信息管理平台 V1.0

城市供水水质在线监测信息管理平台是 B/S 结构。提供展示、分析、管理山东省省级和杭州市、东莞市市级城市供水水质监控网络框架的在线监测实时数据，具备将来展示接收的来自全国城市的供水水源、出厂水、管网水水质在线监测数据的能力。该系统的特

点：贯穿了三级管理的理念。按国家、省和市三级管理，实现按权限查询所辖范围的城市供水水质在线监测点实时数据；使用了按流域查询的理念。引入水利部门的三级流域划分规则，每个城市落在一个三级流域中，支持按二级流域查询在线监测点的实时数据，可以为上下游城市的供水水质预警提供实时信息；信息共享理念。充分利用了国家地表水水质自动监测站的实时发布的 pH、溶解氧、高锰酸盐指数、氨氮、TOC 监测数据，通过对网页信息的提取二级流域每天 6 次的实时数据（不保留过期数据），使得用户可以将供水企业实时数据与环保的地表水水质监测实时数据在同一平台界面上叠加显示，便于分析。

3.7.3　城市供水水质在线/便携监测设备信息共享平台 V1.0

软件服务于国家城市供水水质监测网各国家站，可扩展到全国供水企业，为各国家站提供城市供水水质各类在线监测设备技术资料和集成资料的信息获取平台，以其实用性获得大多数监测站的认可，正初步开始应用。

软件将城市供水企业在线/便携设备的选择与设备供应商的设备技术指标展示有机结合，形成共享平台。具有设备信息检索（维护）、集成案例检索（维护）、设备性能对比、设备信息库结构管理、集成案例库结构管理、监测指标管理等功能。

本软件的技术特点：系统对设备供应商为完全开放型，可以通过注册成为用户；供水企业用户为全国统一设置。这种信息共享模式，奠定了平台运行的可持续性。为了适应设备技术指标提炼、集成案例提炼的需求，将设备信息库结构管理、集成案例库结构管理置于前台，系统管理员可灵活按需配置。为满足用户需求，提供了多层次的设备对比功能和多种形式的信息检索工具。

第4章　实验室数据采集与传输技术

4.1　技术研究基础

4.1.1　常用的系统对接通信技术

两个系统的对接，或者说是两个计算机之间通信的技术包括：Web Service，. Net Remoting，DCom，Socket 等。

4.1.1.1　Web Service 运行机理

Web Service：客户端从服务器到 Web Service 的 WSDL，同时在客户端声称一个代理类（Proxy Class），这个代理类负责与 Web Service 服务器进行 Request 和 Response，当一个数据（XML 格式的）被封装成 SOAP 格式的数据流发送到服务器端的时候，就会生成一个进程对象并且把接收到这个 Request 的 SOAP 包进行解析，然后对事物进行处理，处理结束以后再对这个计算结果进行 SOAP 包装，然后把这个包作为一个 Response 发送给客户端的代理类（Proxy Class），同样地，这个代理类也对这个 SOAP 包进行解析处理，继而进行后续操作。

4.1.1.2　. NET Remoting 运行机理

. NET Remoting：是在 DCOM 等基础上发展起来的一种技术，它的主要目的是实现跨平台、跨语言、穿透企业防火墙，这也是它的基本特点，与 Web Service 有所不同的是，它支持 HTTP 以及 TCP 信道，而且它不仅能传输 XML 格式的 SOAP 包，也可以传输传统意义上的二进制流，这使得它变得效率更高也更加灵活。而且它不依赖于 IIS，用户可以自己开发（Development）并部署（Dispose）自己喜欢的宿主服务器，所以从这些方面上来讲，Web Service 其实上是 . NET Remoting 的一种特例。

4.1.1.3　组件间通信的 DCOM 技术

DCOM（分布式组件对象模型，分布式组件对象模式）是一系列微软的概念和程序接口，利用这个接口，客户端程序对象能够请求来自网络中另一台计算机上的服务器程序对象。DCOM 基于组件对象模型（COM），COM 提供了一套允许同一台计算机上的客户端和服务器之间进行通信的接口。

4.1.1.4　Socket 通信技术

Socket 通常也称作"套接字"，实现服务器和客户端之间的物理连接，并进行数据传输，主要有 UDP 和 TCP 两个协议。Socket 处于网络协议的传输层。

UDP 协议：广播式数据传输，不进行数据验证。

TCP 协议：传输控制协议，一种面向连接的协议，给用户进程提供可靠的全双工的字节流。

因此，Socket 传输方式适合于对传输速度、安全性、实时交互、费用等要求高的应用中，如网络游戏、手机应用、银行内部交互等。通常在 3 种情况中使用：①所谓"超实时"需求，也对实时性要求非常高；②超高数据传输量，需要持久通道来保证数据传输，并减少通用协议的解析时间；某些高并发场合也会用多路复用的方式；③遗留系统集成，它只提供了 Socket 服务端口，没有 Web Service。

4.1.2 系统对接的通信技术选择

系统对接的通信技术选择是基于对比 Web Service 技术和 . NET Remoting 技术的区别，主要的技术区别有：

（1）Web Service 偏向于 XML Schema 类型系统，提供具有广泛使用范围的跨平台支持的简单编程模型。. NET Remoting 偏向于运行时类型系统，提供较为复杂而且使用范围小得多的编程模型。

（2）NET Remoting 不是标准，而 Web Service 是标准。

（3）NET Remoting 只能应用于 MS 的 . NET Framework 之下，需要客户端必须安装 Framework，但是 Web Service 是平台独立的，跨语言（只要能支持 XML 的语言都可以）以及穿透企业防火墙的。

（4）NET Remoting 可以灵活地定义其所基于的协议，比如 HTTP，TCP 等，如果定义为 HTTP，则与 Web Service 相同，但是 Web Service 是无状态的，使用 . NET Remoting 一般都喜欢定义为 TCP，这样比 Web Service 稍为高效一些，而且是有状态的。

（5）NET Remoting 一般需要通过一个 WinForm 或是 Windows 服务进行启动，也可以使用 IIS 部署，而 Web Service 则必须在 IIS 进行启动。

（6）Web Service 服务依赖于 HTTP，因此它们与标准的 Internet 安全性基础结构相集成。利用 IIS 的安全性功能，为标准 HTTP 验证方案提供了强有力的支持。而 . NET Remoting 如果使用托管在进程中的 TCP 信道或 HTTP 信道（而不是 aspnet _ wp. exe），则必须自己执行身份验证、授权和保密机制。

根据各地方实验室 LIMS 系统的复杂性，选择 Web Service 这种标准的通信技术。同时在开发实践中发现，不但要使用标准技术 Web Service，在与 PB、JAVA 系统的对接过程中发现，还要使用标准的函数模型。

4.1.3 系统实现路线设计

系统设计采用 XML 数据传递方法实现城市供水水质实验室检测数据的导入。设计思路为，由水质实验室数据上报人员从 LIMS 报表中选择要上报的样品，由数据接口软件把要送的数据以 XML 文件的形式发送并存到国家城市供水水质监测中心主服务器映射的路径下数据库服务器，国家城市供水水质数据上报系统实时从主服务器映射的路径下取数据，填到国家城市供水水质数据库中（图 4-1）。

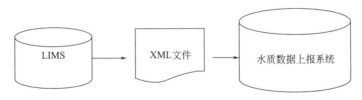

图 4-1 LIMS 数据上传流程示意图

4.1.4 Excel 导入模版数据上传技术

Excel 导入模版数据上传技术包括模板的下载与上传：用户在下载模板的同时，通过 Web Service 接口获取了水司、水厂（代码），而定制的模板对应了水质指标代码、水样类型等信息；当模板上传时，类似与网页提交，上报数据直接存入水质数据库和样品库。

其优点是既统一规范了上报格式，又方便用户离线填报数据。

4.2 实验室检测数据可定制导出与导入规则

4.2.1 实验室 LIMS 系统检测数据可定制导出与导入规则

实验室检测数据可定制导出与导入规则定义为 SetMonthReportJava 方法。

public string SetMonthReportJava（string XMLMonthReport）参数说明见表 4-1。

参数说明表   表 4-1

参数名称	说明	参数类型
XMLMonthReport	月报表 XML 格式	输入参数

返回值说明

返回字符串分为两部分，用逗号隔开。第一部分 Y 表示成功，N 表示失败；第二部分是提示信息。

XML 格式说明

（1）表关系

WaterDataSampleInfo：采样点样品信息。

WaterData：水质数据（地表水源水基本项目与补充项目、地下水质量标准项目检测报告、出厂水与管网水水质监测项目）。

关联：WaterSampleNum 水样编码（图 4-2）。

（2）字段说明

WaterDataSampleInfo 采样点样品信息，表结构见表 4-2。

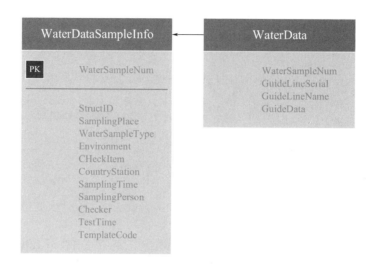

图 4-2　水质数据导入关联模型图

采样点样品信息结构表　　　　　　　　　　　　　　　　表 4-2

字段名	类型	说明	允许空值	备注
WaterSampleNum	String（50）	水样编号	No	不能重复
StructID	String（30）	区域编码	No	每个水司水厂都有各自的 StructID
SamplingPlace	String（50）	采样点名称	Yes	
WaterSampleType	String（50）	水样类型	No	水样类型：地表水源水、地下水源水、出厂水、管网水
Environment	String（50）	采样环境	No	采样环境：晴、大风、大雪、晴 26℃、晴气温 28℃、晴 24℃等
CheckItem	String（50）	检验类型	No	月检、半月检、半年检
CountryStation	String（500）	水司或监测站名称	No	
SamplingTime	Datetime	采样时间	No	
SamplingPerson	String（100）	采样人	No	
Checker	String（50）	检测人	No	
TestTime	Datetime	检测时间	No	
TemplateCode	String（50）	模板编码	No	示例：T001 \ T002 \ T003 \ T012\ T013
	T001:《地下水质量标准》(GB/T 14848-93)项目检测报告——39 项指标(地下水源水) T002:《地表水环境质量标准》(GB 3838-2002)基本项目与地表水源地补充项目检测报告——24 项＋5 项(补充项目)＝29 项(地表水源水基本项目与补充项目) T003:《地表水环境质量标准》(GB 3838-2002)特定项目检测报告——102 项(地表水源水特定项目) T012:《生活饮用水卫生标准》(GB 5749-2006)常规项目检测报告——出厂水、管网水 T013:《生活饮用水卫生标准》(GB 5749-2006)扩展项目/非常规项目检测报告——出厂水、管网水			

WaterData 水质数据（地表水源水基本项目与补充项目、地下水质量标准项目检测报告、出厂水与管网水水质监测项目），表结构见表 4-3。

水质数据结构表　　　　　　　　　　　　　　　　　　表 4-3

字段名	类型	说明	允许空值	备注
WaterSampleNum	String（50）	水样编号	No	不能重复
GuideLineSerial	String（4）	指标序列号	No	见本书第 6.4 节
GuideLineName	String（50）	指标名称	No	见本书第 6.4 节
GuideData	String（50）	指标数据	No	上报时输入数据,除文字描述类等特定指标,其他数值类指标单位均为 mg/L。例如:不小于 5

4.2.2　城市供水水质月（年）检数据 Excel 模板导入规则

Excel 模板导入规则体现在模板定义中的水质指标代码、水样类型等。根据常用的水质分析报告，系统依据《地下水质量标准》（GB/T 14848-93）、《地表水环境质量标准》（GB 3838-2002）、《生活饮用水卫生标准》（GB 5749-2006），与网上数据上报模板对应，将 Excel 数据上报模板分为：地下水水质分析数据上报模板（TemplateT001），地表水水质分析数据上报模板（常规项）（TemplateT002），地表水水质分析数据上报模板（非常规项）（TemplateT003），出厂水、管网水水质分析数据上报模板（常规项）（TemplateT012），出厂水、管网水水质分析数据上报模板（扩展项）（TemplateT013）。为了便于剪贴，在各模板中，指标的排序依据标准中的顺序。

示例 1：地下水水质分析数据上报模板（TemplateT001）

地下水水质分析数据上报模板依据《地下水质量标准》（GB/T 14848-93）设计，见表 4-4。

地下水水质分析数据上报模板　　　　　　　　　　　表 4-4

公司名称		水样类型		采样地点	
采样环境		采样时间		采样人名称	
检测类型	请选择	检验时间		检测机构名称	
采用标准:《地下水质量标准》(GB/T 14848-93)				报告编号:	
序号	项目		单位	Ⅲ类标准	检验值
1	色		度	≤15	
2	嗅和味			无	
3	浑浊度		度	≤3	
4	肉眼可见物			无	
5	pH				

续表

序号	项目	单位	Ⅲ类标准	检验值
6	总硬度(以 CaCO₃ 计)	mg/L	≤450	
7	溶解性总固体	mg/L	≤1000	
8	硫酸盐	mg/L	≤250	
9	氯化物	mg/L	≤250	
10	铁	mg/L	≤0.3	
11	锰	mg/L	≤0.1	
12	铜	mg/L	≤1.0	
13	锌	mg/L	≤1.0	
14	钼	mg/L	≤0.1	
15	钴	mg/L	≤0.05	
16	挥发酚(以苯酚计)	mg/L	≤0.002	
17	阴离子合成洗涤剂	mg/L	≤0.3	
18	高锰酸盐指数	mg/L	≤3.0	
19	硝酸盐(以 N 计)	mg/L	≤20	
20	亚硝酸盐(以 N 计)	mg/L	≤0.02	
21	氨氮(NH₄)	mg/L	≤0.2	
22	氟化物	mg/L	≤1.0	
23	碘化物	mg/L	≤0.2	
24	氰化物	mg/L	≤0.05	
25	汞	mg/L	≤0.001	
26	砷	mg/L	≤0.05	
27	硒	mg/L	≤0.01	
28	镉	mg/L	≤0.01	
29	铬(六价)	mg/L	≤0.05	
30	铅	mg/L	≤0.05	
31	铍	mg/L	≤0.0002	
32	钡	mg/L	≤1.0	
33	镍	mg/L	≤0.05	
34	滴滴涕	μg/L	≤1.0	
35	六六六	μg/L	≤5.0	
36	总大肠菌群	个/L	≤3	
37	细菌总数	个/mL	≤100	
38	总 α 放射性	Bq/L	≤0.1	
39	总 β 放射性	Bq/L	≤1	
录入人:				

示例2：地表水水质分析数据上报模板（常规项）（TemplateT002）

地表水水质分析数据常规项上报模板依据《地表水环境质量标准》（GB 3838-2002）设计，见表4-5。

地表水水质分析数据上报模板（常规项）　　　　　　　　　表4-5

公司名称		水样类型		采样地点	
采样环境		采样时间		采样人名称	
检测类型		检验时间		检测机构名称	
采用标准：《地表水环境质量标准》（GB3838-2002）				报告编号	
序号	项目	单位	Ⅱ类水标准值	检验结果	
1	水温	℃	人为造成的环境水温变化应限制在：周平均最大温升≤1 周平均最大温降≤2		
2	pH	无量纲	6～9		
3	溶解氧	mg/L	≥6		
4	高锰酸盐指数	mg/L	≤4		
5	化学需氧量（COD）	mg/L	≤15		
6	五日生化需氧量（BOD_5）	mg/L	≤3		
7	氨氮（NH_3-N）	mg/L	≤0.5		
8	总磷（以P计）	mg/L	≤0.1（湖、库0.025）		
9	总氮（湖、库，以N计）	mg/L	≤0.5		
10	铜	mg/L	≤1.0		
11	锌	mg/L	≤1.0		
12	氟化物（以F^-计）	mg/L	≤1.0		
13	硒	mg/L	≤0.01		
14	砷	mg/L	≤0.05		
15	汞	mg/L	≤0.00005		
16	镉	mg/L	≤0.005		
17	铬（六价）	mg/L	≤0.05		
18	铅	mg/L	≤0.01		
19	氰化物	mg/L	≤0.05		
20	挥发酚	mg/L	≤0.002		
21	石油类	mg/L	≤0.05		
22	阴离子表面活性剂	mg/L	≤0.2		
23	硫化物	mg/L	≤0.1		
24	粪大肠菌群	个/L	≤2000		
25	硫酸盐（以SO_4^{2-}计）	mg/L	≤250		

序号	项目	单位	Ⅱ类水标准值	检验结果
26	氯化物(以 Cl⁻计)	mg/L	≤250	
27	硝酸盐(以 N 计)	mg/L	≤10	
28	铁	mg/L	≤0.3	
29	锰	mg/L	≤0.1	
录入人：				

示例 3：地表水水质分析数据上报模板（非常规项）（TemplateT003）

地表水水质分析数据项上报模板（非常规项）依据《地表水环境质量标准》（GB 3838-2002）设计，见表 4-6。

地表水水质分析数据项上报模板（非常规项）　　　　　　　　　　表 4-6

公司名称		水样类型		采样地点	
采样环境		采样时间		采样人名称	
检测类型		检验时间		检测机构名称	
采用标准：《地表水环境质量标准》(GB 3838-2002)				报告编号	
序号	项目		单位	指标限值	检验值
1	三氯甲烷		mg/L	≤0.06	
2	四氯化碳		mg/L	≤0.002	
3	三溴甲烷(溴仿)		mg/L	≤0.1	
4	二氯甲烷		mg/L	≤0.02	
5	1,2-二氯乙烷		mg/L	≤0.03	
6	环氧氯丙烷		mg/L	≤0.02	
7	氯乙烯		mg/L	≤0.005	
8	1,1-二氯乙烯		mg/L	≤0.03	
9	1,2-二氯乙烯		mg/L	≤0.05	
10	三氯乙烯		mg/L	≤0.07	
11	四氯乙烯		mg/L	≤0.04	
12	氯丁二烯		mg/L	≤0.002	
13	六氯丁二烯		mg/L	≤0.0006	
14	苯乙烯		mg/L	≤0.02	
15	甲醛		mg/L	≤0.9	
16	乙醛		mg/L	≤0.05	
17	丙烯醛		mg/L	≤0.1	
18	三氯乙醛(水合氯醛)		mg/L	≤0.01	
19	苯		mg/L	≤0.01	
20	甲苯		mg/L	≤0.7	

续表

序号	项目	单位	指标限值	检验值
21	乙苯	mg/L	≤0.3	
22	二甲苯	mg/L	≤0.5	
22(1)	对-二甲苯	mg/L	≤0.5	
22(2)	间-二甲苯	mg/L	≤0.5	
22(3)	邻-二甲苯	mg/L	≤0.5	
23	异丙苯	mg/L	≤0.25	
24	氯苯	mg/L	≤0.3	
25	1,2-二氯苯(邻二氯苯)	mg/L	≤1	
26	1,4-二氯苯(对二氯苯)	mg/L	≤0.3	
27	三氯苯	mg/L	≤0.02	
27(1)	1,2,3-三氯苯	mg/L	≤0.02	
27(2)	1,2,4-三氯苯	mg/L	≤0.02	
27(3)	1,3,5-三氯苯	mg/L	≤0.02	
28	四氯苯	mg/L	≤0.02	
28(1)	1,2,3,4-四氯苯	mg/L	≤0.02	
28(2)	1,2,3,5-四氯苯	mg/L	≤0.02	
28(3)	1,2,4,5-四氯苯	mg/L	≤0.02	
29	六氯苯	mg/L	≤0.05	
30	硝基苯	mg/L	≤0.017	
31	二硝基苯	mg/L	≤0.5	
31(1)	对-二硝基苯	mg/L	≤0.5	
31(2)	间-二硝基苯	mg/L	≤0.5	
31(3)	邻-二硝基苯	mg/L	≤0.5	
32	2,4-二硝基甲苯	mg/L	≤0.0003	
33	2,4,6-三硝基甲苯	mg/L	≤0.5	
34	硝基氯苯	mg/L	≤0.05	
34(1)	对-硝基氯苯	mg/L	≤0.05	
34(2)	间-硝基氯苯	mg/L	≤0.05	
34(3)	邻-硝基氯苯	mg/L	≤0.05	
35	2,4-二硝基氯苯	mg/L	≤0.5	
36	2,4-二氯酚	mg/L	≤0.093	
37	2,4,6-三氯酚	mg/L	≤0.2	
38	五氯酚	mg/L	≤0.009	
39	苯胺	mg/L	≤0.1	
40	联苯胺	mg/L	≤0.0002	

续表

序号	项目	单位	指标限值	检验值
41	丙烯酰胺	mg/L	≤0.0005	
42	丙烯腈	mg/L	≤0.1	
43	邻苯二甲酸二丁酯	mg/L	≤0.003	
44	邻苯二甲酸二(2-乙基己基)酯	mg/L	≤0.008	
45	水合肼	mg/L	≤0.01	
46	四乙基铅	mg/L	≤0.0001	
47	吡啶	mg/L	≤0.2	
48	松节油	mg/L	≤0.2	
49	苦味酸(2,4,6-三硝基苯酚)	mg/L	≤0.5	
50	丁基黄原酸	mg/L	≤0.005	
51	活性氯	mg/L	≤0.01	
52	滴滴涕	mg/L	≤0.001	
53	林丹	mg/L	≤0.002	
54	环氧七氯(七氯环氧化物)	mg/L	≤0.0002	
55	对硫磷	mg/L	≤0.003	
56	甲基对硫磷	mg/L	≤0.002	
57	马拉硫磷	mg/L	≤0.05	
58	乐果	mg/L	≤0.08	
59	敌敌畏	mg/L	≤0.05	
60	敌百虫	mg/L	≤0.05	
61	内吸磷	mg/L	≤0.03	
62	百菌清	mg/L	≤0.01	
63	甲萘威	mg/L	≤0.05	
64	溴氰菊酯	mg/L	≤0.02	
65	阿特拉津(莠去津)	mg/L	≤0.003	
66	苯并(a)芘	mg/L	≤0.0000028	
67	甲基汞	mg/L	≤0.000001	
68	多氯联苯	mg/L	≤0.00002	
68(1)	PCB-1016	mg/L	≤0.00002	
68(2)	PCB-1221	mg/L	≤0.00002	
68(3)	PCB-1232	mg/L	≤0.00002	
68(4)	PCB-1242	mg/L	≤0.00002	
68(5)	PCB-1248	mg/L	≤0.00002	
68(6)	PCB-1254	mg/L	≤0.00002	
68(7)	PCB-1260	mg/L	≤0.00002	

续表

序号	项目	单位	指标限值	检验值
69	微囊藻毒素-LR	mg/L	≤0.001	
70	黄磷	mg/L	≤0.003	
71	钼	mg/L	≤0.07	
72	钴	mg/L	≤1	
73	铍	mg/L	≤0.002	
74	硼	mg/L	≤0.5	
75	锑	mg/L	≤0.005	
76	镍	mg/L	≤0.02	
77	钡	mg/L	≤0.7	
78	钒	mg/L	≤0.05	
79	钛	mg/L	≤0.1	
80	铊	mg/L	≤0.0001	
录入人：				

类似的，可以根据现行国家标准《生活饮用水卫生标准》(GB 5749)设计出厂水、管网水水质分析数据上报模板（常规项）(TemplateT012) 和扩展项目/非常规项目上报模板 (TemplateT013)，便于用户下载输入数据后导入系统。设计 Excel 导入规则为，用户下载模板后，应按照模板中定义的指标顺序填写，各指标单元格被锁定不得随意修改。

4.3 实验室检测数据可定制自动导出与导入系统通用软件开发

4.3.1 实验室 LIMS 系统水质上报数据导出与导入接口

4.3.1.1 实验室 LIMS 系统水质上报数据导出接口

城市供水水质实验室 LIMS 系统水质上报数据导出接口指的是实验室方的数据导出到城市供水水质监测中心，涉及以下两部分工作：

第一部分为实验室方的 LIMS 系统初始设置：由系统管理员实现 LIMS 系统中水质指标代码与国家城市供水水质数据中心代码的对应，LIMS 系统中报表模板与国家城市供水水质数据中心数据模板的对应，以及在国家城市供水水质数据中心的用户编码设置，通常，此部分工作为一次性设置；

第二部分为数据上传：由数据管理员将通过审批的数据，点击数据上传，实现数据导出，进入国家城市供水水质数据中心，此为日常性工作。

4.3.1.2 实验室 LIMS 系统水质上报数据导入接口

城市供水水质实验室 LIMS 系统水质上报数据导入接口指国家城市供水水质数据中心对 LIMS 系统水质数据接收端的软件开发。

当国家网监测站 LIMS 系统远程调用国家城市供水水质监测中心数据库服务器的 Web Service 服务时，系统按导入规则将接收到的实验室检测报告分别存入 WaterData（水质数据表）和 WaterDataSampleInfo（采样点样品信息表）。

4.3.2 城市供水水质月（年）检数据 Excel 导入功能的实现

4.3.2.1 Excel 导入模版下载

通过登录应用软件，可下载 Excel 水质数据导入模版（图 4-3）。

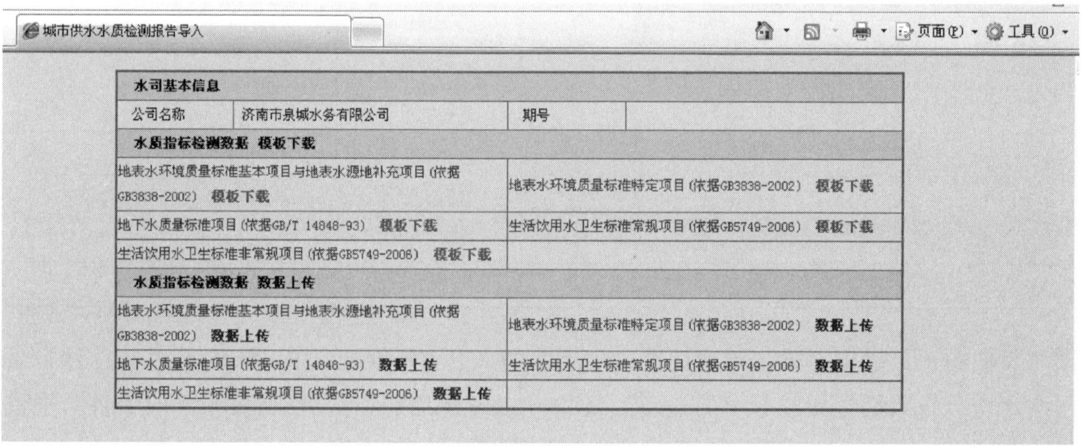

图 4-3 Excel 导入模版下载页面

4.3.2.2 Excel 模版的上传

模板下载后，可离线输入数据，特别适合与本地机已存在要上报数据的电子文档，可以将数据直接贴入对应数据模板。完成数据填报后，可开始进入数据上传（图 4-4）。

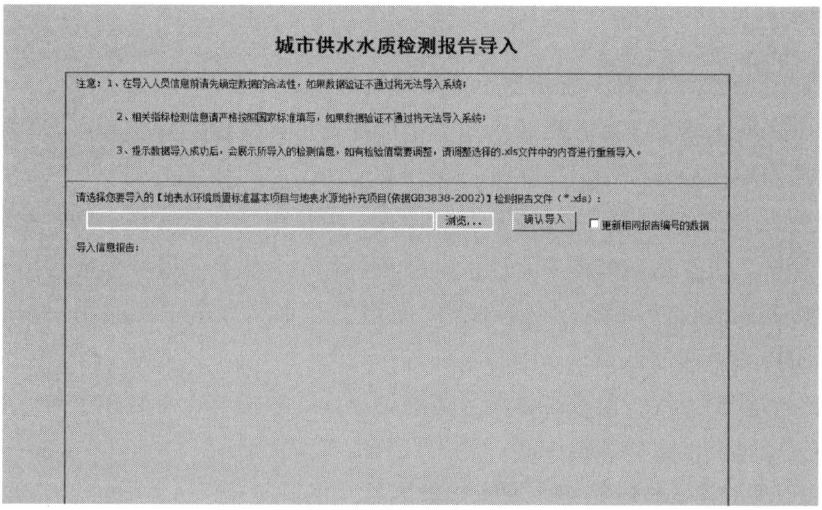

图 4-4 水质数据导入页面

当导入数据有错时，设计了两种修改途径，一种是导入后在样品列表中选中，进入修改页面；另一种是修改本地的 Excel 表，重新导入。当重新导入时，应选中右边"更新相同报告编号的数据"，否则会产生两个同名报告。

4.3.2.3 Excel 模版的扩展应用

（1）问题来源

调研结果表明，国家城市供水水质监测站日常的水质报表不宜直接使用导入模板的情形有：

1）报告的指标顺序与模板顺序不一。

2）数据来源于汇总报告，按样品横排，见表 4-7。

样品报告（一） 表 4-7

检验项目	水样名称:出厂水	
	A 厂	B 厂
样品编号	CQ200207-1	CQ200207-2
检验日期	20020717	20020722
水温	24.0	24.0
浑浊度	0.36	2.10
色度	5	10
嗅和味	0	0
肉眼可见物	无	无
pH	7.00	7.00
游离性余氯	1.20	0.70
总硬度	213.41	87.83
耗氧量	1.09	2.17
氯化物	89.4	25.0
氨氮	0.03	0.08
亚硝酸盐氮	< 0.001	0.002
硝酸盐氮	9.84	1.41
铁	<0.10	0.38
锰	<0.025	0.16
硫酸盐	39.77	32.44
溶解性总固体	296	152
细菌总数	0	11
总大肠菌群	< 3	< 3
铜	0.002	0.001
锌	<0.05	< 0.05
铅	0.002	0.002
阴离子合成洗涤剂	<0.07	<0.07

续表

检验项目	水样名称:出厂水	
	A 厂	B 厂
铬（六价）	0.0023	0.0071
镉	＜0.001	＜0.001
签发：	制表：	

3）数据来源于汇总报告，见表 4-8。

样品报告（二）   表 4-8

采样地点	采样日期	色度	嗅和味	肉眼可见物	pH	总硬度（以 CaCO_3 计）
A		＜5	无	无	7.86	288.1
B		＜5	无	无	7.89	304.3
C		＜5	无	无	8.00	311.7
D		12	无	无	7.98	372.3
F		＜5	无	无	7.93	295.9
E		16	无	无	8.19	281.7
G		＜5	无	无	7.88	284.3
H		32	无	无	7.80	288.3
I		7	无	无	7.99	287.7

（2）扩展使用导入模板

为了充分利用数据导入模板，可以使用 Excel 自带工具 Offset 函数来定义本地工作表，实现报表数据与模板导入的联动。

1）当单一样品报表与模板指标顺序不一致时，可定义一张工作表，将指标区的每个单元与模板进行连接，一次定制，后续每次只需简单复制、上传模板即可。

2）按样品横排表，使用 Excel 自带工具 Offset 函数来定义本地工作表的要点是，将第一列作为数据导入区，把该区的单元与模板指标格建立连接。一次定制，后续每次只需简单复制、上传模板即可。

3）按样品竖排表，使用 Excel 自带工具 Offset 函数来定义本地工作表的要点是，将第一行作为数据导入区，把该区的单元与模板指标格建立连接。一次定制，后续每次只需简单复制、上传模板即可。

4.3.3 城市供水日检月统计和月水量数据 Excel 导入功能的实现

4.3.3.1 水厂水质日报 Excel 模板

通过登录应用软件，进入数据上报界面，点击"模板下载"，填报数据后，点击界面"模板上传"后，上报数据将直接填入，用户核实后，点击提交（图 4-5）。

要点：数据上传后自动填入数据框，供用户修改编辑，点击"上报"按钮即实现数据

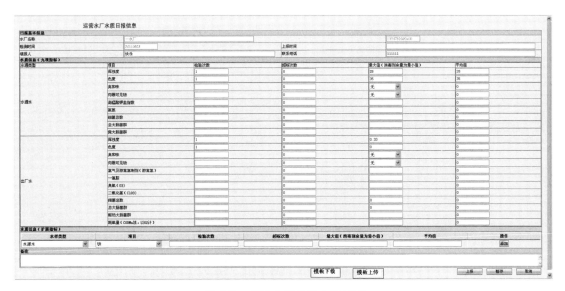

图 4-5 水厂水质日报上报界面

保存，并不得修改。允许点击"暂存"按钮，临时保存数据。

说明：由于附加检测项没有共性，不纳入模板，用户只能在导入主体数据后，另行输入。

4.3.3.2 水厂月生产水量与电耗 Excel 模板

通过登录应用软件，进入数据上报界面，点击"模板下载"，填报数据后，点击界面"模板上传"后，上报数据将直接填入，用户核实后，点击"上报"按钮，与填报核实后的水质日报数据同时提交（图 4-6）。

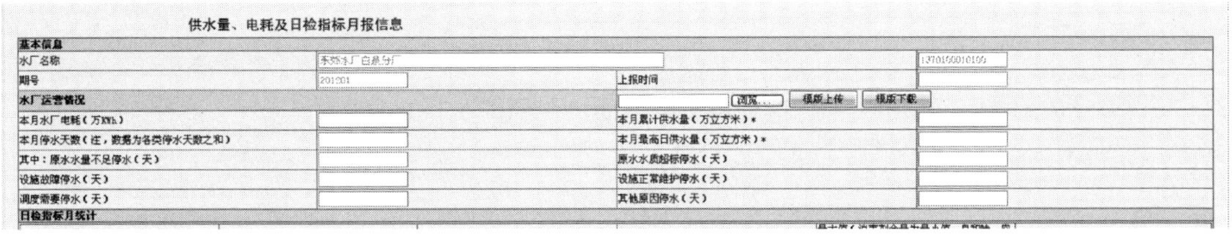

图 4-6 水厂月生产水量与电耗上报界面

要点：只作水量月报模板，水质月报可以由用户点击日报计算完成；数据上传后自动填入对应数据框，供用户修改编辑，点击"上报"按钮即实现数据保存，并不得修改。允许点击"暂存"按钮，临时保存数据。

4.3.3.3 水司月生产水量 Excel 模板

通过登录应用软件，进入数据上报界面，点击"模板下载"，填报数据后，点击界面"模板上传"，上报数据将直接填入，用户核实后，点击"上报"按钮（图 4-7）。

要点：只作水量月报模板；数据上传后自动填入对应数据框，供用户修改编辑，点击"上报"按钮即实现数据保存，并不得修改。允许点击"暂存"按钮，临时保存数据。

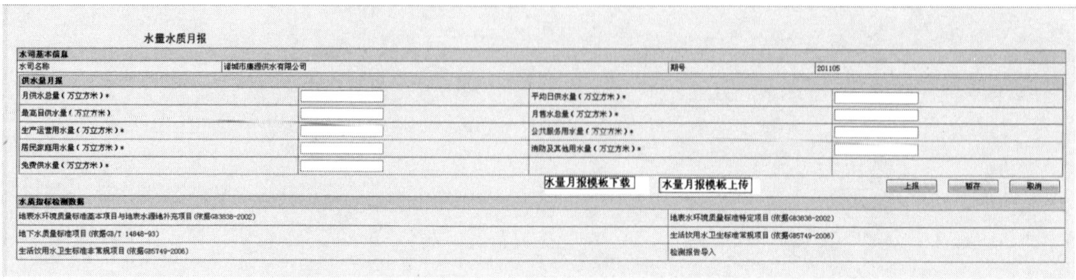

图 4-7　水司月生产水量上报界面

4.4　应用软件

城市供水水质上报系统应用范围覆盖国家城市供水水质监测网各国家站，是日常城市供水水质数据上报和年度全国水质督察数据上报的工具。

根据需要，开发的实验室检测数据可定制自动导出与导入通用软件集成到城市供水水质上报系统 V2.0，其中 LIMS 数据导入过程为后台数据库服务器间的对接，在城市供水水质上报系统 V2.0 可查阅和维护；水质数据上报的 Excel 模板功能则直接嵌入城市供水水质上报系统 V2.0，数据导入后，可进行查阅和维护。

水质与水量数据上报的 Excel 模板同时嵌入了示范地的数据上报系统。

第5章 应急（移动）监测数据采集与传输技术

5.1 技术研究基础

"十一五"前，检测技术与集成化、自动化、系统化和智能化的结合日益紧密，原有的受技术条件制约而难以现场检测的指标已可采用多种途径进行检测，如采用流动实验室现场检测等。从国内外的发展趋势来看，移动实验室已经得到日益广泛的应用。美国在进行水质检查时，通常采用的检测方式包括异地检测和流动实验室检测等。在我国，卫生监督部门已将其应用在食品、药品等监督检查工作中，环境保护部门在水环境、空气质量监测、噪声监测以及核辐射巡查方面应用较为广泛，水利部门也采用这种方式对地表水和地下水进行监测。由于发达国家研制的水质检测设备较为先进，且便携式设备的研制开发工作开始较早，因此市场上现有的便携式检测设备多属于进口设备，但随着国内部分设备厂商不断改进研发技术，设备的性能不断提高，因此也有部分国产设备已基本实现与进口设备无明显差异，甚至超过进口产品。同时，由于国产设备性能提高，价格较低，已在水质监测中得到广泛应用。

便携式设备将出现几个重点方向趋势：一是与实验室检测方法相比，能够实现检测过程更为简便的现场检测的水质指标数量有所增加，这就需要基于现有便携式检测设备研究开发新的检测方法或研发新型检测设备的种类；二是实验室内使用的大型精密设备便携化，突破以往传统方法检测指标的限制，实现对特殊水质指标的准确检测，特别是针对有机物指标的检测设备；三是综合性指标将进一步增加，作为水质指标定性或定量检测结果的辅助与补充。综合性指标一般采用生物毒性指标，随着检测技术的快速发展会有所扩充。

移动监测数据是指车载设备和便携设备采集的数据。通常在水质污染突发事件发生时产生，它能反映事故的动态发展情况，是各级城市水主管部门最需要在第一时间获得的第一手资料，因此，有必要在所建立的三级水质监控网上开通突发水质污染事件的监测数据上报通道。

日常工作中，也有利用移动监测设备对辖区范围内的供水水质状况进行飞行检查。此时的检测数据可以采用水质检测报告的方式上报，也可以按工作性质，按移动监测方式进行报告。

5.2　应急（移动）监测数据采集与传输系统研发

5.2.1　车载便携式设备分类

（1）单指标检测设备

便携式设备大多采用实验室检测的原理，利用常规的检测技术对水质指标进行测定，与实验室检测相比，设备体积较小、方法步骤较为简化、对环境条件的要求有所降低。常规的检测技术，如分光光度法、电极法等均适用于多种物质，但也有少数指标，由于物质本身的特性或检测方法的局限性，难以与其他物质合并检测，需要采用针对该指标的便携式检测设备。单指标检测设备在水质分析中较为常见的是针对不同消毒剂的各种分析仪，如余氯比色计、二氧化氯比色计、臭氧测定仪等。此外，也有部分常见指标，既可以采用单指标检测设备，也可与其他指标同步测定，如针对铁的铁浓度测定仪。

（2）多指标检测设备

1）便携式 GC 和 GC-MS

针对挥发性和半挥发性有机物的应急监测主要采用实验室分析和现场监测两种方式。实验室分析能够对目标化合物实现准确定性和定量，但需要样品运输、保存等多个中间环节，使得出具的数据没有及时性。现场监测主要采用便携式 GC 和便携式 GC-MS，便携式 GC 采用保留时间定性，而面对种类繁多未知组分的有毒有机物，现场定性比较困难。采用便携式 GC-MS 测定水体中有机物的方法能够快速定性和定量，并已在水中有机物应急监测工作中得到有效应用。

2）便携式分光光度计

由于水中多项污染物指标均可采用分光光度法进行测定，因此便携式分光光度计采用光电比色或分光光度法，利用电池或车载电源为动力，对实验室标准检测方法进行简化，针对不同的污染物指标设定不同的测量波长，并将常见方法和校准曲线预先进行程序化，可提供几百个水分析方法及标准曲线，还可根据工作需要，对提供的方法进行修改并储存。

国内外的设备供应商都能提供不同波长的便携式分光光度计，包括紫外线、红外线、可见光等光源，利用不同的试剂包对不同污染物进行现场检测，根据仪器自带曲线确定浓度结果。

3）便携式离子计

离子计与各种离子选择性电极配合使用，能够精密地测定两电极所构成的原电池的电池电动势，根据能斯特方程在不同条件下的应用，可以用直接电位法、加入法、电位滴定法来测量溶液中的离子浓度。根据所选离子选择性电极的不同，可以对水中十几种阴阳离子进行检测。

由于水中多项污染物指标均可采用离子电极法进行检测，因此便携式离子计采用实验室离子计的工作原理，配备电池或利用车载电源，降低实验室标准检测方法对环境的要求，简化部分实验步骤，实现在流动监测车内的现场检测。

4）便携式重金属测定仪

国内应用较多的重金属测定仪是由反应盒和控制器构成，利用阳极溶出伏安法测定环境中的重金属离子。一般可测定镉、铜、砷、汞、铅、锌、锑、铊、铬、锰等多种金属离子。便携式重金属测定仪可利用电池供电，实验过程较简单，适用于流动监测工作中。

5）数字滴定仪

数字滴定仪也称作数字滴定器、数字滴定计，有较多的国内外设备厂商可以提供产品。数字滴定仪采用可调节的分液器体积控制器，可以自动保存滴定剂体积读数，使用一次性或可以反复使用的滴定剂管，按照检测方法标准计算结果浓度。一般可使用滴定法进行检测的酸度、碱度、总硬度、氯化物等多项指标，均可利用数字滴定仪在流动监测车内进行检测，结果优于手工玻璃滴定管滴定法，一般不使用外接电源。

6）叶绿素（蓝绿藻）水质监测仪

在一些营养丰富的水体中，有些蓝藻常于夏季大量繁殖，并在水面形成一层蓝绿色而有腥臭味的浮沫，称为"水华"，大规模的蓝藻暴发，会引起水质恶化，严重时耗尽水中氧气而造成鱼类的死亡。更为严重的是，蓝藻中有些种类（如微囊藻）还会产生毒素（简称MC），对人体危害较大。我国很多地区的水源在夏秋季都出现蓝藻暴发，如"太湖蓝藻暴发事件"，严重影响城市供水水质安全。

我国内陆水体常见"水华"或"藻华"现象，多由蓝绿藻引发，因此对水中叶绿素和蓝绿藻的测量有非常重要的意义。由于水中几乎所有浮游植物（藻类）均含有光合色素——叶绿素，通过对水中叶绿素的测定可估算出浮游植物（藻类）量的多少，进而反映水体富营养化程度。

"十一五"前，有较多的国内外设备厂商可以提供叶绿素（蓝绿藻）水质监测仪，均采用荧光法原理，设备体积较小，便于携带至现场快速分析水中叶绿素a和蓝绿藻浓度，也可应用于叶绿素的在线监测。与传统的萃取法测叶绿素以及人工计数法测蓝绿藻相比，能够节省大量的时间和人工。

7）便携式离子色谱仪

便携式离子色谱仪是将实验室用离子色谱仪的主要部件集中在较小的空间内，且通过改变柱容量减少流动相的体积，达到便携的使用效果。在电源上，一般可采用电池、车载电源等，可以在流动监测车上使用。便携式离子色谱仪根据使用色谱柱的不同，可以检测水中十几种常见阴阳离子，检测精度一般可满足现场检测的要求。由于水中常见阴阳离子的保存期一般较长，能够满足运输时间的要求，便携式离子色谱仪在城市供水行业应用较少。

8）便携式微生物分析仪

便携式微生物分析仪能够在短时间内检测水中的总大肠菌群和粪型大肠菌群，可采用的方法包括最大可能数法（MPN），膜过滤法（MF），有/无法（P/A）及混合营养板计算法（HPC）等。微生物分析仪配备一个便携式培养箱，可以利用车载电源或电池供电，在短时间内完成对微生物的培养，以便读数。通常在野外检测前要预先配制好微生物的培养基。

9）综合性生物毒性指标检测设备

随着水质毒性的生物检测方法取得了快速的进展，尤其以微生物检测方法相对简便和快速，应用较广泛。现有的水质毒性快速检测主要采用细菌类生物材料。不同类型细菌的生物发光强度、运动能力、生长发育状况、ATP 产率、氧的消耗、硝化作用等性能均可以用作反映水体毒性的指标。运用细菌的毒性检测的另一个重要因素是细菌对环境毒素，尤其是有机物的渗透性十分敏感。在环境存在生物毒性的情况下，细菌的活动会受到抑制；毒性越强，细菌的活动受到的抑制作用越强烈。另外，还有某些水质毒性快速检测也使用酶作为检测材料，主要测量酶的活性、酶的生物合成、酶的代谢产物或底物的变化。

"十一五"期间，水质监测行业使用的利用发光细菌测定水的生物毒性主要是测定发光细菌的 ATP，由于 ATP 是生物体内组织细胞能量的主要来源，因此所有的生物都含有 ATP。基于"虫光素酶只有在 ATP 存在时才会催化虫荧光素发生反应，并产生荧光"的原理，在虫荧光素和虫光素酶均过量的情况下，样品中 ATP 的含量直接正比于其单位样品的生物数量，用检测器测得光的强度即可推算出样品中的生物毒性。

由于生物毒性仪的综合性指示作用，四川特大地震后在现场使用了便携式生物毒性仪，对地表水源进行了若干次检测。在震后使用 GC-MS 开展检测的同时，利用生物毒性仪对水中消杀剂等有毒物质的基本情况进行测定，将两种仪器的结果结合起来分析，为判断水质安全状况发挥了重要的作用。

5.2.2　便携设备数据接收和传送方式

"十一五"期间，我国水质监测行业流动实验室配备的便携式检测设备调查结果表明，在 32 种常见的便携设备中，其数据输出接口以 RS-232 为主，达 41%；其次为人工读数，占 34%。

（1）利用设备本身的数据处理系统

由于便携式设备一般体积较小，一般是利用仪器本身的数据处理系统处理检测数据，便于读出或储存，但往往由于受到仪器内存的限制，储存的数据量有限，数据处理的功能较少。这部分数据可保存在设备里，也可以定期下载。部分功能较强大的设备自带数据处理系统还可以实现打印等功能。

"十一五"期间，约二分之一的便携式检测设备配备了数据通信标准接口，一般为 RS-232 接口，也有少数为 RS-232C、RS-233 和 RS-485 接口。RS-232 是美国电子工业联盟（EIA）制定的串行数据通信的接口标准，全称是 EIA-RS-232（简称 RS-232），被广泛用于计算机串行接口外设连接。还有少数设备有 USB 接口。

（2）利用计算机的数据处理系统

一些规模较大的设备厂商，提供检测设备的同时开发了用于计算机的数据处理系统或分析软件，一般称为工作站。利用便携式计算机及仪器的工作站，可以进行更为复杂的数据处理、编辑等功能，并可实现利用计算机对仪器进行控制。此外，由于计算机的数据处理分析功能更为强大，与设备本身自带的数据存储和处理系统相比，除可以储存更多的数据外，还可对数据进行分析。如便携式 GC-MS，在对未知有机物进行定性时，需与预先安装的谱库进行对照。投入应用的某气相色谱-质谱联用仪，利用数据处理软件提供的美国国家标准技术所/环保局/国家局/国家卫生研究所（NIST/EPA/NIH）质谱库，可快速识别 15 多万种化合物。该软件是完全一体化的，能够进行数据获取、数据处理和报告，从现场收集的信息较为全面、准确。此外该设备还配有无线的"AirCard"卡，可以实现数据回传能力（Reach Back Capability），用电子邮件即时传送结果以获进一步协助或者在现场时获得技术支持。

（3）传统人工读取录入

除能与计算机连接的便携式设备外，还有一部分便携式检测设备，如数字滴定器、试纸、溶液比色管等，需要全部或部分由人工读数并处理数据。这部分检测数据在现场采集处理后，也可将读数等数据结果用计算机保存，通过互联网传送。

5.2.3　应急（移动）监测数据采集与传输系统研发方案比选

分析应急（移动）监测设备的传输接口，产生以下几种可能的数据采集与传输系统研发方案：

（1）通用便携设备数据采集转换软件模式

通用便携设备数据采集转换软件模式的设计思路是，开发一个通用软件安装在便携式计算机上，通过软件设置界面，在便携设备与计算机相连后，将信号传入计算机，由计算机转换为数据，而后利用 XML 接口标准，由无线网络直接传输数据到监控中心。

经专家咨询，虽然 RS-232 接口是可以实现数据远程实时传输的，但各便携设备串口有不同类型的数据格式，每台仪器都需要进行针对性开发，因此，当仪器未实现统一标准前，很难实现所有便携设备采集数据通过一个 C/S 结构软件在一台计算机上实现转换，进而达到实时传输。

（2）数采仪模式

数采仪模式就是将便携设备按类似于在线设备处理，数采仪在获取信号后，发送到主服务器，在主服务器端配置信号的转换，解码为数字。同样面临着对每一种便携设备的通信协议的获取，而设备的通信协议通常在设备开发方。

（3）Web 人工输入模式

"十一五"期间，国内无线网络覆盖面广，采用在信息系统中建立应急（移动）监测数据采集与传输的数据采集界面，工作量相对较小，且考虑到便携式计算机的普及性，该方法具有高实用性。

5.2.4 最终方案

综合以上几种解决方案的分析，由于各水质检测站便携设备配置具有不确定性，通用的数据转换接收或数采仪模式均受制于通信接口（串口有不同类型的数据格式，每台仪器都得进行针对性开发），类似与一个大型的移动 LIMS 系统。因此，从投入与产出比较，较佳的方法是 Web 上报。

5.3 应急（移动）监测数据采集与传输规则

应急监测数据采集与传输规则包括数据采集的责任单位和数据采集内容。系统规定应急监测数据采集的责任单位为城市供水水司水质分析实验室，由水司负责数据上报。城市供水水司（单位）水质事故快报采集内容包括两部分：事故的概况和事件过程中的水质监测数据，见表 5-1。

水质事故快报采集内容 表 5-1

类别	名称	解释与输入说明
事故基本情况	事故地点	指事故发生的具体地点
	发生时间	鼠标点击输入框,自动弹出日期选择界面,点击时间下拉菜单,可以选择时间点
	发现时间	同上
	上报时间	同上
	事故类型	下拉菜单选项,可选内容有:水源污染、管网事故、水厂事故、人为破坏、自然灾害
	目前状态	下拉菜单选项,可选内容有:未上报、已上报、处理中、已控制、停水
	特征污染物	应明确填报污染物名称
	目前采取措施	文字描述
	事故概述	文字描述
	联系人	具备反映事件情况的责任人名字
	联系电话	具备反映事件情况的责任人电话
	备注	本表未能表述情况的信息,可以在备注中说明
水质跟踪情况	检测设备名称	输入本次检测污染物所采用的检测设备
	执行标准	输入本次评价污染物污染程度所采用的评价标准名称
	采样点	水样的采集地点名称
	水样类型	分为:地表水源水、地下水源水、出厂水(地表水源)、出厂水(地下水源)、管网水
	水样编号	具有唯一性
	采样时间	鼠标点击输入框,自动弹出日期选择界面,点击时间下拉菜单,可以选择时间点
	检测时间	鼠标点击输入框,自动弹出日期选择界面,点击时间下拉菜单,可以选择时间点
	指标名称	即检测指标的名称(中文)
	标准值	即采用执行标准的限值
	检测值	实际检测数据(注意,单位应与标准值一致,除标准中特别约定,原则上采用 mg/L)

5.4 应急（移动）监测数据采集与传输系统通用软件开发

设计的数据采集流程：从便携监测设备读取监测数据后，登录应急监测数据采集与传输系统，在网页输入检测值提交。

信息采集内容分为基础信息和水质监测指标采集信息（图 5-1、图 5-2）。

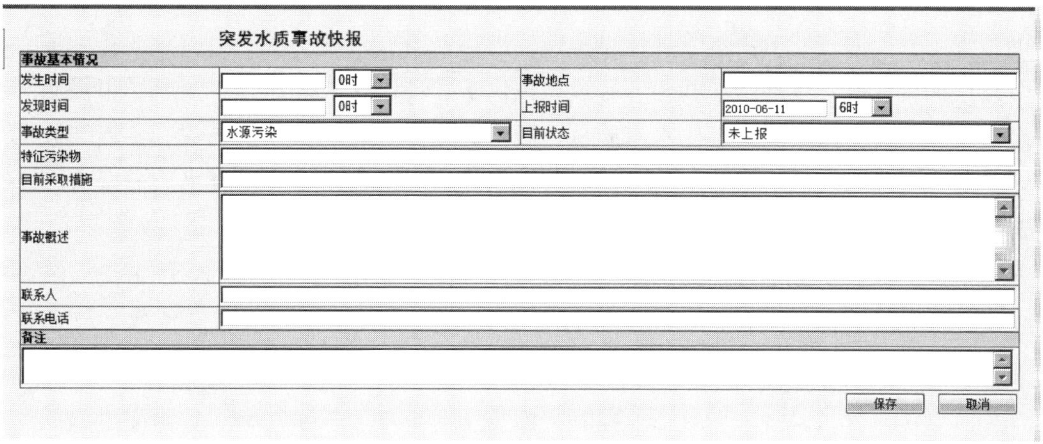

图 5-1 水质事故基础信息

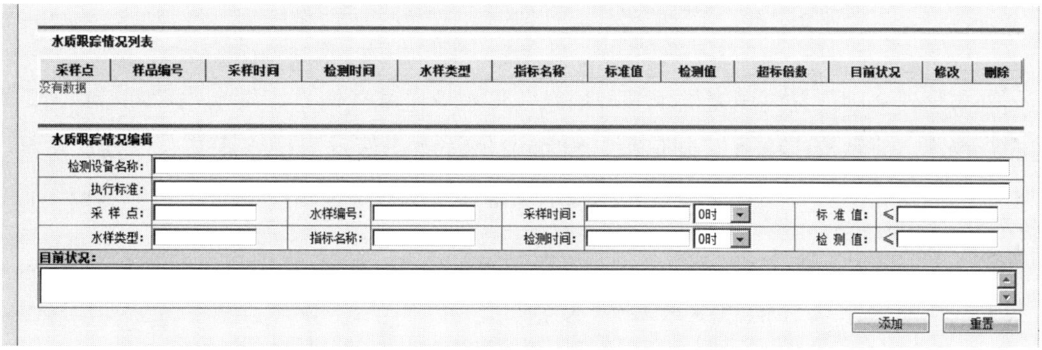

图 5-2 水质实时监测信息

5.5 应用软件

应急监测数据采集与传输系统完成开发后，为便于应用，减少小而全的独立软件，根据实际应用需求，以"水质事故快报"模块集成到全国城市供水管理信息系统 V2.0。同时，集成到三个示范地的城市供水水质监测预警系统技术平台。

第6章 城镇供水管理信息系统标准体系

建设国家、省、市三级城市供水水质监控网络，是一项技术含量高、现实操作难的复杂的系统工程。通过城镇供水管理信息系统标准体系研究，建立以供水监管业务为重点的平台建设关键标准，规范国家和地方各级城镇供水管理信息系统建设，形成城市供水水质安全监管技术体系，实现城市供水水质从"源头到龙头"的水质数据采集、传输与数据入库，为国家、地方和供水企业实施水质监管提供技术支撑，为政府提升水质安全管理水平奠定了基础。

通过建立城市供水管理信息系统的管理指标体系、采用 Web Service 技术建立统一的身份认证体系及数据交换接口、深度融合应用城市供水水质在线监测设备数采仪通信协议，突破跨系统异构数据交互共享、复杂供水系统水质安全管理特征指标识别、水质预警关键水质数据实时响应等关键技术，凝练形成基础信息分类与编码规则、供水水质指标分类与编码、数据交换格式与传输要求。

6.1 供水管理基础信息分类与编码

供水管理基础信息由城镇供水基础信息，供水单位基础信息，供水水厂基础信息，供水设施在建、规划拟建项目基础信息，供水单位月动态信息（供水水量、水压、水质），供水水厂水质和生产日、月动态信息，供水设施在建项目季报信息和供水突发水质事件快报信息组成。

6.1.1 城镇供水基础信息（表 6-1）

城镇供水基础信息代码表 表 6-1

中类码	小类码	代码	中文名称	单位	备注
1			城镇供水行政主管部门基本情况		
	1	A01001	年份		
	2	A01002	部门名称		
	3	A01003	主管负责人		
	4	A01004	联系电话		
	5	A01005	统一社会信用代码		
	6	A01006	信息源特征码		参见本书第 6.2.1 节

中类码	小类码	代码	中文名称	单位	备注
2			城镇供水行政主管部门联系人信息		
	1	A02001	联系人		
	2	A02002	职务		
	3	A02003	手机		
	4	A02004	联系电话		
	5	A02005	通信地址		
	6	A02006	邮政编码		
	7	A02007	传真		
	8	A02008	邮箱		
3			城镇人口和用地		
	1	A03001	城镇人口	万人	
	2	A03002	城镇暂住人口	万人	
	3	A03003	城区人口	万人	
	4	A03004	城区暂住人口	万人	
	5	A03005	城区面积	km^2	
	6	A03006	建成区面积	km^2	
4			城镇供水单位汇总信息		
	1	A04001	产供销一体单位	个	
	2	A04002	独立源水单位	个	
	3	A04003	独立制水单位	个	
	4	A04004	独立管网单位	个	
	5	A04005	单位总数	个	
	6	A04006	城镇水厂数量	个	
	7	A04007	其中:公共水厂	个	
	8	A04008	其中:公共地表水水厂	个	
	9	A04009	城镇供水综合生产能力	万 m^3/d	
	10	A04010	其中:公共供水综合生产能力	万 m^3/d	
	11	A04011	城镇地下水生产能力	万 m^3/d	
	12	A04012	其中:公共供水地下水生产能力	万 m^3/d	
	13	A04013	供水管道长度	km	
	14	A04014	其中,Φ75mm以上供水管道长度	km	
	15	A04015	城乡区域供水一体化		参见本书第6.3.2.2节
	16	A04016	总用水人口	万人	
	17	A04017	其中:乡镇用水人口	万人	

续表

中类码	小类码	代码	中文名称	单位	备注
	18	A04018	在建水厂数量	个	
	19	A04019	设计供水能力	万 m³/d	
	20	A04020	规划拟建水厂数量	个	
	21	A04021	规划设计供水能力	万 m³/d	
5			城镇年供水量(全社会)		
	1	A05001	城镇供水总量	万 m³/a	定义参见 CJJ 92-2002
	2	A05002	其中:公共供水总量	万 m³/a	定义参见 CJ/T 316-2009
	3	A05003	城镇地下水供水总量	万 m³/a	
	4	A05004	其中:公共供水地下水供水总量	万 m³/a	
	5	A05005	供水普及率	%	
6			城镇年用水量(全社会)		
	1	A06001	生产运营用水量	万 m³/a	定义参见 CJJ92-2002
	2	A06002	公共服务用水量	万 m³/a	定义参见 CJJ 92-2002
	3	A06003	居民家庭用水量	万 m³/a	定义参见 CJJ 92-2002
	4	A06004	其他用水量	万 m³/a	
	5	A06005	用水户数	户	
	6	A06006	其中家庭	户	
7			城镇公共供水年售水量		
	1	A07001	售水总量	万 m³/a	定义参见 CJJ 92-2002
	2	A07002	生产运营用水量	万 m³/a	
	3	A07003	公共服务用水量	万 m³/a	
	4	A07004	居民家庭用水量	万 m³/a	
	5	A07005	其他用水量	万 m³/a	
	6	A07006	免费供水量	万 m³/a	定义参见 CJJ 92-2002
	7	A07007	其中:免费生活用水量	万 m³/a	
	8	A07008	漏损水量	万 m³/a	定义参见 CJJ 92-2002
	9	A07009	用水户数	户	
	10	A07010	其中家庭	户	
8			城镇二次供水管理情况		
	1	A08001	城镇二次供水行政管理部门		
	2	A08002	城镇二次供水管理模式		参见本书第 6.3.2.3 节
	3	A08003	城镇二次供水用水人口	万人	
	4	A08004	城镇二次供水蓄水池(箱)+加压泵+水塔供水系统	个	

续表

中类码	小类码	代码	中文名称	单位	备注
	5	A08005	城镇二次供水蓄水池(箱)+加压泵+高位水箱供水系统	个	
	6	A08006	城镇二次供水蓄水池(箱)+加压泵+气压罐供水系统	个	
	7	A08007	城镇二次供水蓄水池(箱)+变频调速加压机组供水系统	个	
	8	A08008	城镇二次供水为管网叠压或无负压供水系统	个	
	9	A08009	供水单位接收二次供水用水人口	万人	
	10	A08010	供水单位接收二次供水蓄水池(箱)+加压泵+水塔供水系统	个	
	11	A08011	供水单位接收二次供水蓄水池(箱)+加压泵+高位水箱供水系统	个	
	12	A08012	供水单位接收二次供水蓄水池(箱)+加压泵+气压罐供水系统	个	
	13	A08013	供水单位接收二次供水蓄水池(箱)+变频调速加压机组供水系统	个	
	14	A08014	供水单位接收二次供水为管网叠压或无负压供水系统	个	
	15	A08015	供水单位接收清洗二次供水蓄水池个数	个	
	16	A08016	供水单位接收清洗二次供水蓄水池频率	次/a	
9			城镇节约用水		
	1	A09001	计划用水户数合计	户	
	2	A09002	其中:自备水计划用水户数	户	
	3	A09003	下达计划用水总量	万 m^3/a	
	4	A09004	计划用水率	%	
	5	A09005	计划用水户实际用水量合计	万 m^3/a	
	6	A09006	其中工业实际用水量	万 m^3/a	
	7	A09007	新水取水量合计	万 m^3/a	
	8	A09008	其中工业新水取水量	万 m^3/a	
	9	A09009	重复利用量合计	万 m^3/a	
	10	A09010	其中工业重复利用量	万 m^3/a	
	11	A09011	超计划定额用水量	万 m^3/a	
	12	A09012	重复利用率(合计)	%	
	13	A09013	其中工业重复利用率	%	
	14	A09014	节约用水量合计	万 m^3/a	

续表

中类码	小类码	代码	中文名称	单位	备注
	15	A09015	其中工业节约用水量	万 m³/a	
	16	A09016	节水措施投资总额	万元	
10			城镇应急供水工程基础信息		
	1	A10001	城镇应急水源		参见本书第 6.3.2.1 节
	2	A10002	应急水源名称		
	3	A10003	城镇联网供水		参见本书第 6.3.2.2 节
	4	A10004	联网城镇名称		
	5	A10005	城镇备用水源		参见本书第 6.3.2.1 节
11			城镇供水设施维护建设资金(财政性资金)收支		
	1	A11001	收入合计	万元	
	2	A11002	其中:中央财政拨款	万元	
	3	A11003	其中:省级财政拨款	万元	
	4	A11004	其中:市财政专项拨款	万元	
	5	A11005	其中:其他财政资金	万元	
	6	A11006	支出合计		
	7	A11007	其中:维护支出	万元	
	8	A11008	其中:固定资产投资支出	万元	
	9	A11009	其中:其他支出	万元	
12			按资金来源分市政公用设施建设(供水)固定资产投资		
	1	A12001	本年实际到位资金合计	万元	
	2	A12002	上年末结余资金	万元	
	3	A12003	本年资金来源:小计	万元	
	4	A12004	本年资金来源:国家预算资金	万元	
	5	A12005	本年资金来源:国家预算资金其中中央预算资金	万元	
	6	A12006	本年资金来源:国内贷款	万元	
	7	A12007	本年资金来源:债券	万元	
	8	A12008	本年资金来源:利用外资合计	万元	
	9	A12009	本年资金来源:利用外资其中:外商直接投资	万元	
	10	A12010	本年资金来源:自筹资金合计	万元	
	11	A12011	本年资金来源:自筹资金中单位自有资金	万元	
	12	A12012	本年资金来源:其他资金	万元	
	13	A12013	各项应付款	万元	

6.1.2 供水单位基础信息（表6-2）

供水单位基础信息代码表 表6-2

中类码	小类码	代码	中文名称	单位	备注
1			供水单位基本情况		定义参见 CJ/T 316-2009
	1	B01001	年份		
	2	B01002	法定代表人		
	3	B01003	企业负责人		
	4	B01004	行业主管单位		
	5	B01005	所属行政级别		参见本书第6.3.2.4节
	6	B01006	供水单位类型		参见本书第6.3.2.5节
	7	B01007	供水单位企业性质		参见本书第6.3.2.6节
	8	B01008	供水单位服务类别		参见本书第6.3.2.7节
	9	B01009	统一社会信用代码		
	10	B01010	信息源特征码		参见本书第6.2.1节
2			供水单位联系方式		
	1	B02001	联系人		
	2	B02002	职务		
	3	B02003	手机		
	4	B02004	联系电话		
	5	B02005	通信地址		
	6	B02006	邮政编码		
	7	B02007	传真		
	8	B02008	邮箱		
3			供水单位资产结构		
	1	B03001	总资产	万元	
	2	B03002	净资产	万元	
	3	B03003	登记注册类型		
	4	B03004	企业注册时间		
	5	B03005	参股单位的名称		
	6	B03006	企业类型		
	7	B03007	投资金额	万元	
	8	B03008	投资比例	%	
4			供水设施基础情况		
	1	B04001	运行水厂数量		
	2	B04002	设计供水能力	万 m^3/d	
	3	B04003	城镇供水取水管道总长度	km	

续表

中类码	小类码	代码	中文名称	单位	备注
	4	B04004	其中,供水管道总长度	km	
	5	B04005	其中,Φ75mm 以上供水取水管道长度	km	
	6	B04006	其中,Φ75mm 以上供水管道长度	km	
	7	B04007	实际供水能力	万 m³/d	
5			运营情况		
	1	B05001	年供水总量	万 m³/a	
	2	B05002	平均日供水量	万 m³/d	
	3	B05003	最高日供水量	万 m³/d	
	4	B05004	年售水总量	万 m³/a	
	5	B05005	免费供水量	万 m³/a	
	6	B05006	其中免费生活用水量	万 m³/a	
	7	B05007	漏损水量	万 m³/a	
	8	B05008	用水人口	万人	
6			分类用水量与用水户数		
	1	B06001	居民家庭用水量	万 m³/a	
	2	B06002	生产运营用水量	万 m³/a	
	3	B06003	公共服务用水量	万 m³/a	
	4	B06004	其他用水量	万 m³/a	
	5	B06005	用水户数	户	
	6	B06006	其中家庭	户	
7			Φ75mm 以上供水管道长度(按材质分类统计)		
	1	B07001	球墨铸铁管	km	
	2	B07002	钢管	km	
	3	B07003	玻璃钢管	km	
	4	B07004	灰口铸铁管	km	
	5	B07005	预应力钢筋混凝土管	km	
	6	B07006	预应力钢套筒混凝土管(PCCP)	km	
	7	B07007	塑料管	km	
	8	B07008	石棉水泥管	km	
	99	B07099	其他管材	km	
8			取水管道长度(按材质分类统计)		
	1	B08001	球墨铸铁管	km	
	2	B08002	钢管	km	
	3	B08003	玻璃钢管	km	
	4	B08004	灰口铸铁管	km	
	5	B08005	预应力钢筋混凝土管	km	

中类码	小类码	代码	中文名称	单位	备注
	6	B08006	预应力钢套筒混凝土管（PCCP）	km	
	7	B08007	塑料管	km	
	8	B08008	石棉水泥管	km	
	9	B08009	渠道	km	
	10	B08010	隧道	km	
	99	B08099	其他管材	km	
9			供水（管网）服务指标		
	1	B09001	管网水综合合格率	%	
	2	B09002	管网水浑浊度合格率	%	
	3	B09003	管网水色度合格率	%	
	4	B09004	管网水嗅和味合格率	%	
	5	B09005	管网水余氯合格率	%	
	6	B09006	管网水菌落总数合格率	%	
	7	B09007	管网水总大肠菌群合格率	%	
	8	B09008	管网水耗氧量合格率	%	
	9	B09009	管网压力合格率	%	
	10	B09010	管网平均压力值	MPa	
	11	B09011	低压区面积	km^2	
	12	B09012	供水面积	km^2	
10			供水生产经营管理		
	1	B10001	消耗电量	万 kW·h	
	2	B10002	制水单位耗电量	kW·h/千 m^3	
	3	B10003	送（配）水单位耗电量	kW·h/千 m^3	
	4	B10004	混（助）凝剂耗用总量	kg	
	5	B10005	混（助）凝剂单位制水耗用量	kg/千 m^3	
	6	B10006	消毒剂耗用总量	kg	
	7	B10007	消毒剂单位制水耗用量	kg/千 m^3	
11			供水财务经济		
	1	B11001	固定资产原值	万元	
	2	B11002	固定资产净值	万元	
	3	B11003	销售收入	万元	
	4	B11004	单位售水成本	元/千 m^3	
	5	B11005	工资总额	万元	
	6	B11006	利润总额	万元	
	7	B11007	净利润	万元	
	8	B11008	亏损额	万元	

续表

中类码	小类码	代码	中文名称	单位	备注
	9	B11009	单位从业人员总数合计	人	
	10	B11010	单位在岗职工	人	
	11	B11011	单位其他从业人员	人	
	12	B11012	单位其中专业技术人员	人	
12			供水价格		
	1	B12001	现行价格批准文号		
	2	B12002	现行价格批准日期		
	3	B12003	居民家庭用水现行自来水价	元/m³	未实行阶梯水价的填写
	4	B12004	第一基准分档水量核定每户用水人口	人	本城市基础分档水量对应的核定用水基本人口。例如：北京市为5人（含）以下
	5	B12005	居民家庭用水现行自来水第一阶梯水价	元/m³	
	6	B12006	居民家庭用水现行自来水第一阶梯水价对应水量	m³	
	7	B12007	居民家庭用水现行自来水第二阶梯水价	元/m³	
	8	B12008	居民家庭用水现行自来水第二阶梯水价对应水量	m³	
	9	B12009	居民家庭用水现行自来水第三阶梯水价	元/m³	
	10	B12010	居民家庭用水现行自来水第三阶梯水价对应水量	m³	
	11	B12011	居民家庭用水现行污水处理费	元/m³	
	12	B12012	居民家庭用水现行水资源费	元/m³	未实行税改的填写
	13	B12013	居民家庭用水现行水资源费改税	元/m³	
	14	B12014	居民家庭用水现行其他费用	元/m³	
	15	B12015	生产运营用水现行价格	元/m³	
	16	B12016	公共服务用水现行价格	元/m³	
	17	B12017	其他用水现行价格	元/m³	
	18	B12018	单位平均售价	元/m³	
13			应急供水信息		
	1	B13001	供水企业（水司级）联网供水		参见本书第6.3.2.2节
	2	B13002	联网企业名称		
14			水质检测部门资质信息		
	1	B14001	资质认定状况		参见本书第6.3.2.2节
	2	B14002	实验室资质认定级别		参见本书第6.3.2.8节
	3	B14003	检测能力可检项目数	个	
	4	B14004	有资质认定的项目数	个	

中类码	小类码	代码	中文名称	单位	备注
	5	B14005	资质认定起始时间		
	6	B14006	资质认定到期时间		
15			水质检测部门(中心)联系方式		
	1	B15001	联系人		
	2	B15002	手机		
	3	B15003	联系电话		
16			水质检测部门人员		
	1	B16001	高级职称	人	
	2	B16002	中级职称	人	
	3	B16003	初级职称	人	
	4	B16004	人员总数	人	
17			水质在线监测布局信息		
	1	B17001	地表水源水水质在线监测项目名称		参见本书第6.3.2.9节
	2	B17002	地表水源水水质各在线监测项目的监测点个数	个	
	3	B17003	地表水源水水质各在线监测项目的监测频率		参见本书第6.3.2.10节
	4	B17004	地表水源水水质各在线监测项目的历史数据保存时间		参见本书第6.3.2.11节
	5	B17005	地下水源水水质在线监测项目名称		参见本书第6.3.2.12节
	6	B17006	地下水源水水质各在线监测项目的监测点个数	个	
	7	B17007	地下水源水水质各在线监测项目的监测频率		参见本书第6.3.2.10节
	8	B17008	地下水源水水质各在线监测项目的历史数据保存时间		参见本书第6.3.2.11节
	9	B17009	出厂水水质在线监测项目名称		参见本书第6.3.2.13节
	10	B17010	出厂水水质各在线监测项目的监测点个数	个	
	11	B17011	出厂水水质各在线监测项目的监测频率		参见本书第6.3.2.10节
	12	B17012	出厂水水质各在线监测项目的历史数据保存时间		参见本书第6.3.2.11节
	13	B17013	管网水水质在线监测项目名称		参见本书第6.3.2.13节
	14	B17014	管网水水质各在线监测项目的监测点个数	个	
	15	B17015	管网水水质各在线监测项目的监测频率		参见本书第6.3.2.10节
	16	B17016	管网水水质各在线监测项目的历史数据保存时间		参见本书第6.3.2.11节
18			水质人工采样检测布局		
	1	B18001	地表水源水日检/半月检/月/季检/半年检/年检各频率监测点个数	个	

续表

中类码	小类码	代码	中文名称	单位	备注
	2	B18002	地表水源水日检/半月检/月/季检/半年检/年检各频率检测项目数	个	
	3	B18003	地表水源水日检/半月检/月/季检/半年检/年检各频率地表水源水水质监测常规项目名称		参见本书第6.3.2.14节
	4	B18004	地表水源水日检/半月检/月/季检/半年检/年检各频率饮用水地表水水源地补充项目名称		参见本书第6.3.2.15节
	5	B18005	地表水源水半月检/月/季检/半年检/年检各频率饮用水地表水水源地特定项目名称		参见本书第6.3.2.16节
	6	B18006	地下水源水日检/半月检/月/季检/半年检/年检各频率监测点个数	个	
	7	B18007	地下水源水日检/半月检/月/季检/半年检/年检各频率检测项目数	个	
	8	B18008	地下水源水日检/半月检/月/季检/半年检/年检各频率检测项目名称		参见本书第6.3.2.17节
	9	B18009	出厂水日检/半月检/月/季检/半年检/年检各频率监测点个数	个	
	10	B18010	出厂水日检/半月检/月/季检/半年检/年检各频率检测项目数	个	
	11	B18011	出厂水日检/半月检/月/季检/半年检/年检各频率生活饮用水卫生标准常规检测项目名称		参见本书第6.3.2.18节
	12	B18012	出厂水半月检/月/季检/半年检/年检各频率非常规检测项目		参见本书第6.3.2.19节
	13	B18013	管网水日检/半月检/月/季检/半年检/年检各频率监测点个数	个	
	14	B18014	管网水日检/半月检/月/季检/半年检/年检各频率检测项目数	个	
	15	B18015	管网水日检/半月检/月/季检/半年检/年检各频率生活饮用水卫生标准常规检测项目名称		参见本书第6.3.2.18节
	16	B18016	管网水半月检/月/季检/半年检/年检各频率生活饮用水卫生标准非常规检测项目名称		参见本书第6.3.2.19节
19			地表水源水水质在线监测点建设信息		
	1	B19001	站点名称		
	2	B19002	站点编码		参见本书第6.2.3节
	3	B19003	水源名称/水源地编码		参见本书第6.2.5节
	4	B19004	站点位置		
	5	B19005	建设时间		

续表

中类码	小类码	代码	中文名称	单位	备注
	6	B19006	建设单位		参见本书第6.3.2.20节
	7	B19007	监测项目		
	8	B19008	取水口位置描述		
	9	B19009	设备安装形式		
	10	B19010	水源水质特征		
	11	B19011	有预处理的设备名称与预处理方法		
	12	B19012	采水单元构成		
	13	B19013	对净水工艺运行的指导作用		
20			地下水源水水质在线监测点建设信息		
	1	B20001	站点名称		
	2	B20002	站点编码		参见本书第6.2.3节
	3	B20003	水源名称/水源地编码		参见本书第6.2.5节
	4	B20004	站点位置		
	5	B20005	建设时间		
	6	B20006	建设单位		参见本书第6.3.2.20节
	7	B20007	监测项目		
	8	B20008	取水口位置描述		
	9	B20009	设备安装形式		
	10	B20010	水源水质特征		
	11	B20011	有预处理的设备名称与预处理方法		
	12	B20012	采水单元构成		
21			出厂水水质在线监测点建设信息		
	1	B21001	站点名称		
	2	B21002	站点编码		参见本书第6.2.3节
	3	B21003	水源名称		
	4	B21004	站点位置		
	5	B21005	建设时间		
	6	B21006	建设单位		参见本书第6.3.2.20节
	7	B21007	监测项目		
	8	B21008	取水口位置描述		
	9	B21009	设备安装形式		
	10	B21010	取水管安装要点		
22			管网水水质在线监测点建设信息		
	1	B22001	站点名称		
	2	B22002	站点编码		参见本书第6.2.3节
	3	B22003	水源名称		

中类码	小类码	代码	中文名称	单位	备注
	4	B22004	站点位置		
	5	B22005	建设时间		
	6	B22006	建设单位		参见本书第 6.3.2.20 节
	7	B22007	监测项目		
	8	B22008	取水口位置与描述		
	9	B22009	设备安装形式		
	10	B22010	取水管安装要点		
	11	B22011	建点依据(按分区)		
	12	B22012	建点依据(按水力学)		
	13	B22013	建点依据(均匀布局)		
23			水质在线监测设备基础信息		
	1	B23001	设备名称		
	2	B23002	设备型号		
	3	B23003	设备标识码		参见本书第 6.2.3 节
	4	B23004	建设以来设备更新次数		
	5	B23005	年耗材费用	万元	
	6	B23006	最新设备更新时间		
	7	B23007	生产厂家		
	8	B23008	监测项目		
	9	B23009	监测精度		
	10	B23010	购置时间		
	11	B23011	维护单位		
	12	B23012	维护周期与维护要点		
	13	B23013	使用评价		
	14	B23014	地表水源水水质在线监测设备单样检测需要时间	h	
	15	B23015	地表水源水水质在线监测设备具备远程反控功能		参见本书第 6.3.2.2 节
24			供水压力在线监测点建设信息		
	1	B24001	站点名称		
	2	B24002	站点编码		参见本书第 6.2.4 节
	3	B24003	站点位置		
	4	B24004	建设时间		
	5	B24005	建设以来设备更新次数		
	6	B24006	最新设备更新时间		
	7	B24007	现使用设备生产厂家		

中类码	小类码	代码	中文名称	单位	备注
25			供水流量在线监测点建设信息		
	1	B25001	站点名称		
	2	B25002	站点编码		参见本书第6.2.4节
	3	B25003	站点位置		
	4	B25004	建设时间		
	5	B25005	建设以来设备更新次数		
	6	B25006	最新设备更新时间		
	7	B25007	现使用设备生产厂家		
26			用户水表数		
	1	B26001	水表总数	支	
	2	B26002	其中:生活水表	支	
	3	B26003	其中:工业水表	支	
	4	B26004	其中:其他水表	支	
27			客户服务		
	1	B27001	客服热线		
	2	B27002	营业厅个数	个	
	3	B27003	维修、抢修服务厅个数		
	4	B27004	对外网站		
	5	B27005	网站公示出厂水水质日报		参见本书第6.3.2.1节
	6	B27006	网站公示水源水水质日报		参见本书第6.3.2.1节
	7	B27007	网站公示出厂水水质月报		参见本书第6.3.2.1节
	8	B27008	网站公示管网水水质月报		参见本书第6.3.2.1节
	9	B27009	网站公示二次供水水质报告		参见本书第6.3.2.1节
	10	B27010	网站公示管网压力		参见本书第6.3.2.1节
	11	B27011	网站公示生产水量		参见本书第6.3.2.1节
	12	B27012	网站公示停水信息		参见本书第6.3.2.1节
	13	B27013	微信公众号		
	14	B27014	收费系统		参见本书第6.3.2.1节
	15	B27015	客户服务系统		参见本书第6.3.2.1节
28			生产运营信息化		
	1	B28001	生产、调度控制系统		参见本书第6.3.2.1节
	2	B28002	企业资源计划系统(ERP)		参见本书第6.3.2.1节
	3	B28003	管网地理信息系统(GIS)		参见本书第6.3.2.1节
	4	B28004	分区计量系统(DMA)		参见本书第6.3.2.1节
	5	B28005	实验室管理系统(LIMS)		参见本书第6.3.2.1节

6.1.3 供水水厂基础信息（表 6-3）

供水水厂基础信息代码表

表 6-3

中类码	小类码	代码	中文名称	单位	备注
1			水厂信息与联系方式		
	1	C01001	年份		
	2	C01002	水厂名称		
	3	C01003	所属供水单位名称		
	4	C01004	产权结构		参见本书第 6.3.2.21 节
	5	C01005	统一社会信用代码		
	6	C01006	信息源特征码		参见本书第 6.2.1 节
	7	C01007	负责人		
	8	C01008	负责人电话		
	9	C01009	联系人		
	10	C01010	联系人电话		
	11	C01011	水厂职工人数	人	
	12	C01012	取水许可证编号		
	13	C01013	取水许可证有效期至		
	14	C01014	卫生许可证编号		
	15	C01015	卫生许可证有效期至		
2			水厂水源地		
	1	C02001	水源地名称		
	2	C02002	水源地编码		参见本书第 6.2.5 节
	3	C02003	水源地类别		参见本书第 6.3.2.22 节
	4	C02004	水源地所属流域		参见本书第 6.3.2.23 节
3			水厂规模		
	1	C03001	设计生产能力	万 m^3/d	
	2	C03002	实际供水能力	万 m^3/d	
	3	C03003	年供水总量	万 m^3/a	
	4	C03004	平均日生产水量	万 m^3/d	
	5	C03005	出厂水压类型		参见本书第 6.3.2.24 节
	6	C03006	水厂设计压力	MPa	
	7	C03007	水厂供水完全覆盖范围	km^2	
	8	C03008	水厂供水服务人口	万人	
	9	C03009	水厂与其他水厂供水混合区	km^2	
	10	C03010	水厂混合供水区服务人口	万人	
	11	C03011	出厂水流量计数量		

中类码	小类码	代码	中文名称	单位	备注
	12	C03012	流量计类型		参见本书第 6.3.2.25 节
4			地表水水厂净水工艺		
	1	C04001	水厂净水工艺系统编码		参见本书第 6.2.2 节
	2	C04002	水厂净水工艺系统名称		
	3	C04003	水源地名称		
	4	C04004	水源地编码		参见本书第 6.2.5 节
	5	C04005	设计生产能力	万 m³/d	
	6	C04006	实际供水能力	万 m³/d	
	7	C04007	预处理(常规-非应急状态)		参见本书第 6.3.2.26 节
	8	C04008	混合工艺		参见本书第 6.3.2.27 节
	9	C04009	絮凝工艺		参见本书第 6.3.2.28 节
	10	C04010	混凝剂及助凝剂		参见本书第 6.3.2.29 节
	11	C04011	沉淀工艺		参见本书第 6.3.2.30 节
	12	C04012	过滤工艺		参见本书第 6.3.2.31 节
	13	C04013	滤料		参见本书第 6.3.2.32 节
	14	C04014	深度处理工艺		参见本书第 6.3.2.33 节
	15	C04015	消毒方式		参见本书第 6.3.2.34 节
5			地下水水厂净水工艺		
	1	C05001	特殊处理工艺		参见本书第 6.3.2.35 节
	2	C05002	消毒方式		参见本书第 6.3.2.36 节
6			水厂水质在线监测布局信息		
	1	C06001	水厂级原水水质在线监测项目		参见本书第 6.3.2.37 节
	2	C06002	水厂级出厂水水质在线监测项目		参见本书第 6.3.2.38 节
	3	C06003	水厂混凝沉淀工艺水质在线监测项目		参见本书第 6.3.2.39 节
	4	C06004	水厂过滤工艺水质在线监测项目		参见本书第 6.3.2.40 节
	5	C06005	水厂深度处理水质工艺在线监测项目		参见本书第 6.3.2.41 节
	6	C06006	水厂消毒工艺水质在线监测项目		参见本书第 6.3.2.42 节
7			水厂实验室实际检测项目		
	1	C07001	原水水质检测项目		参见本书第 6.3.2.43 节
	2	C07002	水厂混凝沉淀工艺水质检测项目		参见本书第 6.3.2.18 节
	3	C07003	水厂过滤工艺水质检测项目		参见本书第 6.3.2.18 节
	4	C07004	水厂深度处理水质工艺检测项目		参见本书第 6.3.2.18 节
	5	C07005	水厂消毒工艺水质检测项目		参见本书第 6.3.2.18 节
	6	C07006	出厂水水质检测项目		参见本书第 6.3.2.18 节
	7	C07007	检测频率	h	
8			水厂班组工艺检测项目		

续表

中类码	小类码	代码	中文名称	单位	备注
	1	C08001	水厂混凝沉淀工艺水质检测项目		参见本书第 6.3.2.18 节
	2	C08002	水厂过滤工艺水质检测项目		参见本书第 6.3.2.18 节
	3	C08003	水厂深度处理水质工艺检测项目		参见本书第 6.3.2.18 节
	4	C08004	水厂消毒工艺水质检测项目		参见本书第 6.3.2.18 节
	5	C08005	检测频率	h	
9			水厂应急供水能力		
	1	C09001	应急水源		参见本书第 6.3.2.1 节
	2	C09002	应急水源名称		
	3	C09003	应急净水工艺		
	4	C09004	应急设施设备名称		
	5	C09005	水质应急监测设备名称		
	6	C09006	水质应急处理物资名称和数量		
10			水厂安全管理信息		
	1	C10001	水厂周界报警方式		参见本书第 6.3.2.44 节
	2	C10002	水厂周界视频监控		参见本书第 6.3.2.45 节
	3	C10003	氯气回收装置		参见本书第 6.3.2.46 节
11			水厂预警和应急演练信息		
	1	C11001	预警和应急处理预案编制		
	2	C11002	预警和应急处理演练		

6.1.4　供水设施在建、规划拟建项目基础信息（表 6-4）

供水设施在建、规划拟建项目基础信息代码表　　表 6-4

中类码	小类码	代码	中文名称	单位	备注
1			项目基本情况		
	1	D01001	年份		
	2	D01002	项目名称		
	3	D01003	项目代码		参见本书第 6.2.1 节
	4	D01004	项目情况		参见本书第 6.3.2.47 节
	5	D01005	供水专项审批文号		
	6	D01006	建设内容		参见本书第 6.3.2.48 节
	7	D01007	规划期限		
	8	D01008	项目性质		参见本书第 6.3.2.49 节
	9	D01009	项目所属供水单位		
	10	D01010	所属流域		参见本书第 6.3.2.23 节
2			投资情况		

续表

中类码	小类码	代码	中文名称	单位	备注
	1	D02001	计划投资		
	2	D02002	其中水厂计划投资		
	3	D02003	其中管网计划投资		
3			项目设计情况		
	1	D03001	水厂设计规模	万 m³/d	
	2	D03002	设计管网长度	km	
	3	D03003	设计的取水水源地名称		
	4	D03004	水源地编码		
4			项目审批情况		
	1	D04001	是否开展前期工作		参见本书第 6.3.2.1 节
	2	D04002	项目建议书是否批准		参见本书第 6.3.2.1 节
	3	D04003	可行性研究报告是否批准		参见本书第 6.3.2.1 节
	4	D04004	规划部门是否已出具城镇规划选址意见		参见本书第 6.3.2.1 节
	5	D04005	自然资源部门是否已出具项目预审意见		参见本书第 6.3.2.1 节
	6	D04006	环保部门是否已出具环境影响文件的审批意见		参见本书第 6.3.2.1 节
	7	D04007	发展改革部门是否出具项目核准或审批文件		参见本书第 6.3.2.1 节
	8	D04008	水资源论证审批情况		
5			项目计划情况		
	1	D05001	计划开工时间		
	2	D05002	实际开工时间		
	3	D05003	计划竣工时间		
6			地表水水厂净水工艺		
	1	D06001	预处理(常规-非应急状态)		参见本书第 6.3.2.26 节
	2	D06002	混合工艺		参见本书第 6.3.2.27 节
	3	D06003	絮凝工艺		参见本书第 6.3.2.28 节
	4	D06004	混凝剂及助凝剂		参见本书第 6.3.2.29 节
	5	D06005	沉淀工艺		参见本书第 6.3.2.30 节
	6	D06006	过滤工艺		参见本书第 6.3.2.31 节
	7	D06007	滤料		参见本书第 6.3.2.32 节
	8	D06008	深度处理工艺		参见本书第 6.3.2.33 节
	9	D06009	消毒方式		参见本书第 6.3.2.34 节
7			地下水水厂净水工艺		
	1	D07001	特殊处理工艺		参见本书第 6.3.2.35 节
	2	D07002	消毒方式		参见本书第 6.3.2.36 节
8			Φ75mm 以上供水管道长度(按材质统计)		
	1	D08001	球墨铸铁管	km	

续表

中类码	小类码	代码	中文名称	单位	备注
	2	D08002	钢管	km	
	3	D08003	玻璃钢管	km	
	4	D08004	灰口铸铁管	km	
	5	D08005	预应力钢筋混凝土管	km	
	6	D08006	预应力钢套筒混凝土管（PCCP）	km	
	7	D08007	塑料管	km	
	8	D08008	石棉水泥管	km	
	99	D08099	其他管材	km	
9			取水管道长度（按材质统计）		
	1	D09001	球墨铸铁管	km	
	2	D09002	钢管	km	
	3	D09003	玻璃钢管	km	
	4	D09004	灰口铸铁管	km	
	5	D09005	预应力钢筋混凝土管	km	
	6	D09006	预应力钢套筒混凝土管（PCCP）	km	
	7	D09007	塑料管	km	
	8	D09008	石棉水泥管	km	
	9	D09009	渠道	km	
	10	D09010	隧道	km	
	99	D09099	其他管材	km	

6.1.5　供水单位月动态信息（供水水量、水压、水质）（表6-5）

供水单位月动态信息（供水水量、水压、水质）代码表　　　表6-5

中类码	小类码	代码	中文名称	单位	备注
1			供水量月报		
	1	E01001	统计时间	＊年＊月	
	2	E01002	月供水总量	万 m^3/m	
	3	E01003	其中:自产供水量	万 m^3/m	
	4	B01004	其中:外购供水量	万 m^3/m	
	5	E01005	平均日供水量	万 m^3/d	
	6	E01006	最高日供水量	万 m^3/d	
	7	E01007	月售水总量	万 m^3/m	
	8	E01008	居民家庭用水量	万 m^3/m	
	9	E01009	生产运营用水量	万 m^3/m	
	10	E01010	公共服务用水量	万 m^3/m	

中类码	小类码	代码	中文名称	单位	备注
	11	E01011	其他用水量	万 m^3/m	
	12	E01012	免费供水量	万 m^3/m	
	13	E01013	其中:免费生活供水量	万 m^3/m	
	14	E01014	漏损水量	万 m^3/m	
2			供水压力在线监测信息		
	1	E02001	站点名称		
	2	E02002	站点编码		参见本书第6.2.4节
	3	E02003	统计时间	＊年＊月	
	4	E02004	月最低供水水压	MPa	
	5	E02005	月最高供水水压	MPa	
	6	E02006	平均供水水压	MPa	
3			供水流量在线监测信息		
	1	E03001	站点名称		
	2	E03002	站点编码		参见本书第6.2.4节
	3	E03003	统计时间	＊年＊月	
	4	E03004	月最低日供水水量	万立 m^3/d	
	5	E03005	月最高日供水水量	万 m^3/d	
	6	E03006	平均日供水水量	万 m^3/d	
4			水源水水质在线监测信息		
	997	E04997	统计时间	＊年＊月	
	998	E04998	站点名称		
	999	E04999	站点编码		参见本书第6.2.3节
	6	E04006	浑浊度在线监测合格率	％	按月统计
	14	E04014	高锰酸盐指数(COD_{Mn})在线监测合格率	％	按月统计
	17	E04017	氨氮(NH_3-N)在线监测合格率	％	按月统计
5			出厂水水质在线监测信息		
	997	E05997	统计时间	＊年＊月	
	998	E05998	站点名称		
	999	E05999	站点编码		参见本书第6.2.3节
	6	E05006	浑浊度在线监测合格率	％	按月统计
	72	E05072	余氯在线监测合格率	％	按月统计
	75	E05075	一氯胺在线监测合格率	％	按月统计
	70	E05070	臭氧(O_3)在线监测合格率	％	按月统计
	74	E05074	二氧化氯在线监测合格率	％	按月统计
6			供水管网水质在线监测信息		
	997	E06997	统计时间	＊年＊月	

中类码	小类码	代码	中文名称	单位	备注
	998	E06998	站点名称		
	999	E06999	站点编码		参见本书第6.2.3节
	6	E06006	浑浊度在线监测合格率	%	按月统计
	72	E06072	余氯在线监测合格率	%	按月统计
	2	E06002	pH在线监测合格率	%	按月统计
7			供水水质月报		
	1	E07001	采样点		
	2	E07002	样品编号		
	3	E07003	水样类型		参见本书第6.3.2.51节
	4	E07004	采样时间		
	5	E07005	水厂名称		
	6	E07006	水样检测类型		参见本书第6.3.2.52节
	7	E07007	检验时间		
	8	E07008	检测机构		
	9	E07009	指标代码		参见 CJ/T 474-2015
	10	E07010	指标名称		
	11	E07011	指标检测单位		
	12	E07012	指标检测值		

6.1.6 供水水厂水质和生产日、月动态信息（表6-6）

供水水厂水质和生产日、月动态信息代码表　　　　表6-6

中类码	小类码	代码	中文名称	单位	备注
1			水厂运营情况		
	1	F01001	统计时间	*年*月	
	2	F01002	本月水厂电耗	万 kW・h	
	3	F01003	本月制水单位耗电量	kW・h/千 m³	
	4	F01004	本月送(配)水单位耗电量	kW・h/千 m³	
	5	F01005	本月累计供水量	万 m³	
	6	F01006	本月最高日供水量	万 m³	
	7	F01007	本月停水天数(注,数据为各类停水天数之和)	d	
	8	F01008	其中:原水水量不足停水	d	
	9	F01009	原水水质超标停水	d	
	10	F01010	设施故障停水	d	
	11	F01011	设施正常维护停水	d	
	12	F01012	调度需要停水	d	

中类码	小类码	代码	中文名称	单位	备注
	13	F01013	其他原因停水	d	
2			出厂水水质日检指标报告及月度统计报告		
	1	F02001	统计时间	*年*月	
	2	F02002	九项指标各指标检测次数		
	3	F02003	九项指标各指标超标次数		
	4	F02004	九项指标各指标合格率	%	
	5	F02005	九项指标各指标检测最大值,其中,消毒剂检测为最小值		
	6	F02006	九项指标各指标平均值		
3			水厂级出厂水水质在线监测信息		
	997	F03997	统计时间	*年*月	
	998	F03998	站点名称		
	999	F03999	站点编码		参见本书第6.2.3节
	6	F03006	浑浊度在线监测合格率	%	
	72	F03072	余氯在线监测合格率	%	
	75	F03075	一氯胺在线监测合格率	%	
	70	F03070	臭氧(O_3)在线监测合格率	%	
	74	F03074	二氧化氯在线监测合格率	%	
	14	F03014	高锰酸盐指数在线监测合格率	%	
4			水源水水质日检指标报告及月度统计报告		
	1	F04001	统计时间	*年*月	
	2	F04002	水源地名称		
	3	F04003	水源地编码		参见本书第6.2.1节
	4	F04004	九项指标各指标检测次数		
	5	F04005	九项指标各指标超标次数		
	6	F04006	九项指标各指标合格率	%	
	7	F04007	九项指标各指标检测最大值		
	8	F04008	九项指标各指标平均值		
5			水厂级水源水水质在线监测信息		
	997	F05997	统计时间	*年*月	
	998	F05998	站点名称		
	999	F05999	站点编码		参见本书第6.2.3节
	6	F05006	浑浊度在线监测合格率	%	
	14	F05014	高锰酸盐指数在线监测合格率	%	
	17	F05017	氨氮(NH_3-N)在线监测合格率	%	
6			工艺过程水质报告		

中类码	小类码	代码	中文名称	单位	备注
	1	F06001	采样点		
	2	F06002	样品编号		
	3	F06003	水样类型		参见本书第 6.3.2.51 节
	4	F06004	采样时间		
	5	F06005	检验时间		
	6	F06006	指标代码		参见 CJ/T 474-2015
	7	F06007	指标名称		
	8	F06008	指标检测单位		
	9	F06009	指标检测值		
7			工艺过程水质在线监测信息		
	997	F07997	统计时间	＊年＊月	
	998	F07998	站点名称		
	999	F07999	站点编码		参见本书第 6.2.3 节
	2	F07002	pH 在线监测合格率	%	
	6	F07006	浑浊度在线监测合格率	%	
	68	F07068	碱度在线监测合格率	%	
	69	F07069	颗粒计数在线监测合格率	%	
	73	F07073	总氯在线监测合格率	%	
8			地表水原水富营养化和藻类监测		
	1	F08001	采样日期		
	2	F08002	采样时间	时(24h 计)	
	3	F08003	采样时天气		
	4	F08004	检验时间		
	5	F08005	检测机构名称		
	6	F08006	报告编号		
	7	F08007	取水口名称		
	8	F08008	采样地点		
	9	F08009	取水量	万 m³/d	
	10	F08010	气温	℃	
	11	F08011	水温	℃	
	12	F08012	pH	无量纲	
	13	F08013	透明度(SD)	m	
	14	F08014	浊度	NTU	
	15	F08015	溶解氧(DO)	mg/L	
	16	F08016	高锰酸盐指数	mg/L	
	17	F08017	化学需氧量(COD_{cr})	mg/L	

续表

中类码	小类码	代码	中文名称	单位	备注
	18	F08018	氨氮（NH_3-N）	mg/L	
	19	F08019	总磷（以 P 计）	mg/L	
	20	F08020	总氮（湖、库，以 N 计）	mg/L	
	21	F08021	叶绿素 a(chla)	mg/m^3	
	22	F08022	藻类计数总量	万个/L	
	23	F08023	优势藻种名称		
	24	F08024	优势藻种计数	万个/L	
	25	F08025	优势藻种在藻类总量中所占百分含量	%	
	26	F08026	次优势藻种名称		
	27	F08027	次优势藻种计数	万个/L	
	28	F08028	次优势藻种在藻类总量中所占百分含量	%	
	29	F08029	第三优势藻种名称		
	30	F08030	第三优势藻种计数	万个/L	
	31	F08031	第三优势藻种在藻类总量中所占百分含量	%	
	32	F08032	藻类检测方法		
	33	F08033	备注		
9			水厂废水处理情况		
	1	F09001	废水处理量	m^3/d	
	2	F09002	处理工艺		
	3	F09003	污泥去向		
	4	F09004	尾水排放去向		

6.1.7 供水设施在建项目季报信息（表6-7）

供水设施在建项目季报信息代码表

表6-7

中类码	小类码	代码	中文名称	单位	备注
1			本季度项目完成情况		
	1	G01001	统计时间		
	2	G01002	建设进度		参见本书第6.3.2.50节
	3	G01003	本季度管网增加长度	km	
2			Φ75mm 以上供水管道建设长度（按材质统计）		
	1	G02001	球墨铸铁管	km	
	2	G02002	钢管	km	
	3	G02003	玻璃钢管	km	
	4	G02004	灰口铸铁管	km	
	5	G02005	预应力钢筋混凝土管	km	

中类码	小类码	代码	中文名称	单位	备注
	6	G02006	预应力钢套筒混凝土管（PCCP）	km	
	7	G02007	塑料管	km	
	8	G02008	石棉水泥管	km	
	99	G02099	其他管材	km	
3			取水管道建设长度（按材质统计）		
	1	G03001	球墨铸铁管	km	
	2	G03002	钢管	km	
	3	G03003	玻璃钢管	km	
	4	G03004	灰口铸铁管	km	
	5	G03005	预应力钢筋混凝土管	km	
	6	G03006	预应力钢套筒混凝土管（PCCP）	km	
	7	G03007	塑料管	km	
	8	G03008	石棉水泥管	km	
	9	G03009	渠道	km	
	10	G03010	隧道	km	
	99	G03099	其他管材	km	
4			本季度投资		
	1	G04001	本季度投资额	万元	
	2	G04002	其中自来水厂建设投资额	万元	
	3	G04003	其中管网投资额	万元	
5			本季度投资来源		
	1	G05001	中央财政拨款	万元	
	2	G05002	地方政府投资	万元	
	3	G05003	国内贷款	万元	
	4	G05004	债券	万元	
	5	G05005	利用外资	万元	
	6	G05006	其中外商直接投资	万元	
	7	G05007	供水企业自有资金投资	万元	
	8	G05008	投资完成率	%	

6.1.8 供水突发水质事件快报信息（表6-8）

供水突发水质时间快报信息代码表 表6-8

中类码	小类码	代码	中文名称	单位	备注
1			事件基本情况		
	1	H01001	发生时间		

中类码	小类码	代码	中文名称	单位	备注
	2	H01002	发现时间		
	3	H01003	上报时间		
	4	H01004	事故地点		
	5	H01005	事故类型		参见本书第 6.3.2.53 节
	6	H01006	目前事故处理状态		参见本书第 6.3.2.54 节
	7	H01007	特征污染物		
	8	H01008	目前采取措施		
	9	H01009	事故概述		
	10	H01010	事故产生的后果评估		
2			水质跟踪情况		
	1	H02001	检测设备名称		
	2	H02002	采样点		
	3	H02003	水样类型		
	4	H02004	水样编号		
	5	H02005	采样时间		
	6	H02006	检测时间		
	7	H02007	指标名称		
	8	H02008	执行标准		
	9	H02009	标准值		
	10	H02010	检测值		
	11	H02011	检测方法		
	12	H02012	目前情况		

6.2 特征信息编码规则

6.2.1 信息源特征码

编码统一由 14 位数字组成，其中第 1 位为建设状况码，值＝1 表示已建，值＝2 表示在建；第 2 位～第 10 位为行政区划数字代码，参见现行国家标准《中华人民共和国行政区划代码》（GB/T 2260）、《县级以下行政区划代码编制规则》GB/T（10114）（以下简称 GB/T 2260、GB/T 10114）；第 11 位、第 12 位为所在城镇供水单位小类码，取值范围 01～99（城镇供水主管部门取值 00）；第 13 位、第 14 位为城镇供水单位下属供水水厂小类码，取值范围 01～99（城镇供水主管部门和城镇供水单位取值 00）；城镇供水管理系统信息源特征码通用结构见图 6-1，编码规则见表 6-9。

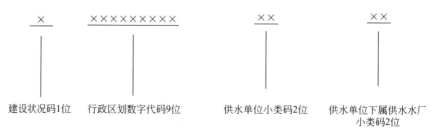

图 6-1 信息源特征码结构

信息源特征码编码规则   表 6-9

信息源类别	建设状况码	行政区数字代码	供水单位小类码	供水单位下属供水水厂小类码
城镇供水主管部门	1	××××××××	00	00
供水单位	1	××××××××	××	00
城镇供水水厂	1	××××××××	××	××
在建项目	2	××××××××	××	00

6.2.2 供水水厂净水工艺系统特征码

城镇供水水厂净水工艺系统编码由 16 位数字组成，编码方法为在城镇供水水厂编码的基础上加 2 位表征净水工艺的小类码，取值范围 01～99，编码结构见图 6-2。

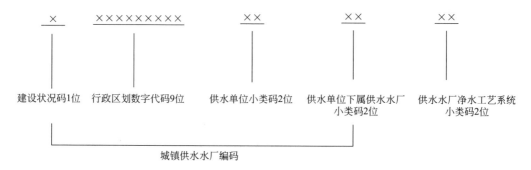

图 6-2 城镇供水水厂净水工艺系统特征码结构

6.2.3 供水水质在线监测站点及站点内水质在线监测设备特征码

城镇供水水质在线监测站点特征码，编码方法为监测水类型码＋地址码＋小类码，小类码由城镇供水单位小类码＋下属水厂小类码＋本组水质监测站点小类码三部分构成。

编码由 17 位数字组成，其中第 1 位为监测站点监测水类型码；第 2 位～第 10 位为行政区划数字代码（参见 GB/T 2260、GB/T 10114）；第 11 位、第 12 位为所在城镇供水单位小类码，取值范围 01～99，第 13 位、第 14 位为城镇供水单位下属供水水厂小类码，取值范围 01～99；第 15 位～第 17 位为站点小类码，取值范围 001～999。编码结构见图 6-3，编码规则见表 6-10，特别地，城镇供水主管部门所建城镇供水水质在线监测站点特征码编码结构见图 6-4。

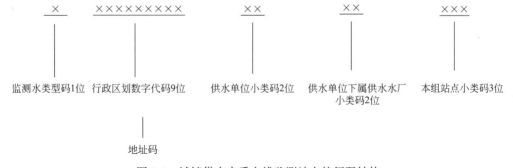

图 6-3　城镇供水水质在线监测站点特征码结构

在线监测站点特征码编码规则　　　　　　　　　　　　　　　　　　表 6-10

在线站点监测类型	监测水类型码	行政区划数字代码	供水单位小类码	供水单位下属供水水厂小类码	本组站点小类码
地表水源水	1	×××××××××	××	××	×××
地下水源水	2	×××××××××	××	××	×××
水厂混凝沉淀工艺水	3	×××××××××	××	××	×××
水厂过滤工艺水	4	×××××××××	××	××	×××
水厂深度处理工艺水	5	×××××××××	××	××	×××
水厂消毒工艺水	6	×××××××××	××	××	×××
出厂水	7	×××××××××	××	××	×××
管网水	8	×××××××××	××	00	×××

图 6-4　城镇供水主管部门所建城镇供水水质在线监测站点特征码结构

在线监测站点内水质在线监测设备特征码由 22 位数字组成。编码方法为，在线监测站点编码后叠加 3 位设备分类编码和 2 位设备小类码，其中设备分类代码，取值见表 6-11，设备小类码，取值范围 01～99，编码结构见图 6-5。

水质在线监测设备分类代码　　　　　　　　　　　表 6-11

设备分类代码	设备名称
001	常规五参数(pH、温度、溶解氧 DO、电导率、浑浊度)分析仪
002	pH 监测仪
003	温度监测仪
004	溶解氧(DO)在线分析仪
005	电导率在线分析仪
006	浑浊度在线分析仪
007	色度在线分析仪
008	悬浮物(SS)在线分析仪
009	溶解性总固体在线分析仪
010	总硬度在线分析仪
011	总大肠菌群在线分析仪
012	微生物在线分析仪
013	阴离子表面活性剂在线分析仪
014	高锰酸盐指数在线分析仪
015	化学需氧量(COD_{cr})在线分析仪
016	生物耗氧量(BOD)在线分析仪
017	氨氮(NH_3-N)在线分析仪
018	总磷在线分析仪
019	总氮在线分析仪
020	氟化物在线分析仪
021	氯离子监测仪
022	钾离子在线分析仪
023	无机离子在线分析仪
024	亚硝酸盐氮在线分析仪
025	磷酸盐在线分析仪
026	硫化物在线分析仪
027	四氯化碳在线分析仪
028	重金属在线分析仪
029	总铁在线分析仪
030	总锰在线分析仪
031	总汞在线分析仪
032	总砷在线分析仪
033	铝离子在线分析仪
034	铜离子在线分析仪
035	镍在线分析仪
036	锑在线分析仪
037	银在线分析仪

设备分类代码	设备名称
038	锌在线分析仪
039	六价铬在线分析仪
040	钴在线分析仪
041	铊在线分析仪
042	钡在线分析仪
043	钛在线分析仪
044	铍在线分析仪
045	钒在线分析仪
046	钼在线分析仪
047	硫酸盐在线分析仪
048	硝酸盐在线分析仪
049	氰化物在线分析仪
050	石油类在线分析仪
051	总有机碳(TOC)在线分析仪
052	叶绿素 a 在线分析仪
053	藻类在线分析仪
054	蓝绿藻在线分析仪
055	生物综合毒性(发光菌类)在线分析仪
056	生物综合毒性(鱼类)在线分析仪
057	生物综合毒性(其他)在线分析仪
058	综合毒性(化学发光法)在线分析仪
059	综合毒性(电化学法)在线分析仪
060	UV_{254} 在线分析仪
061	在线光谱仪
062	在线气相色谱仪
063	离子色谱在线分析仪
064	水质分析质谱仪
065	挥发性有机物(VOC)分析仪
066	半挥发性有机物(SVOCs)水质分析仪
067	有机物水质分析仪
068	碱度仪
069	颗粒计数器
070	臭氧分析仪
071	氧化还原电位(OPR)分析仪
072	余氯在线分析仪
073	总氯在线分析仪
074	二氧化氯在线分析仪

续表

设备分类代码	设备名称
075	一氯胺在线分析仪
076	淤积密度指数（SDI）
……	……

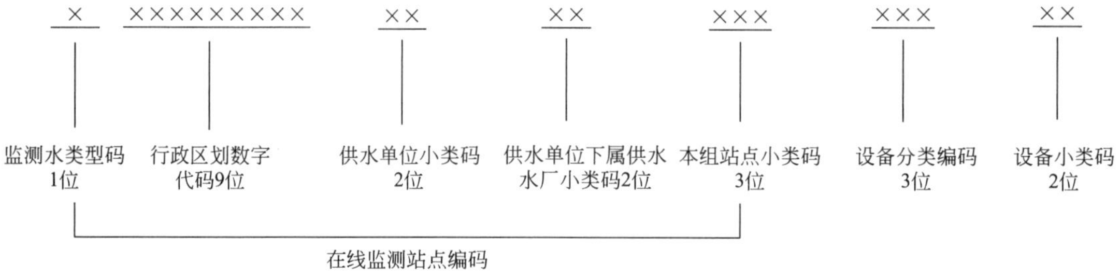

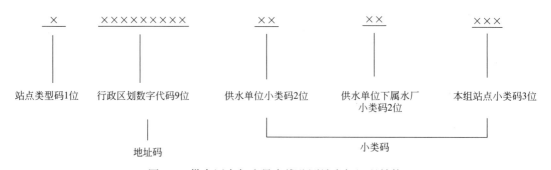

图 6-5　供水水质在线监测设备特征码结构

6.2.4　城镇供水压力及流量在线监测站点特征码

城镇供水压力及流量在线监测站点特征码，编码方法为站点类型码＋地址码＋小类码，小类码由城镇供水单位小类码＋下属水厂小类码＋本组站点小类码三部分构成。

编码由 17 位组成，其中第 1 位为城镇供水压力或流量站点类型码，取值见表 6-12；第 2 位～第 10 位为行政区划数字代码（参见 GB/T 2260、GB/T 10114）；第 11 位、第 12 位为所在城镇供水单位小类码，取值范围 01～99；第 13 位、第 14 位为城镇供水单位下属供水水厂小类码（依据水厂的供水范围划分），取值范围 01～99；第 15 位～第 17 位为站点小类码，取值范围 001～999；编码结构见图 6-6，编码规则见表 6-12。

供水压力与流量在线监测站点标识编码规则　　　　　　表 6-12

站点分类	站点类型码	行政区划数字代码	供水单位小类码	供水单位下属水厂小类码	本组站点小类码
压力	A	×××××××××	××	××	×××
流量	B	×××××××××	××	××	×××

图 6-6　供水压力与流量在线监测站点标识码结构

6.2.5 供水饮用水源地特征码

城镇供水饮用水源地特征码,编码方法为地址码+子类码+小类码。

编码由 20 位数字组成,其中第 1 位~第 8 位为全国环境系统水系代码;第 9 位~第 17 位为行政区划数字代码(参见 GB/T 2260、GB/T 10114);第 18 位为水源地类型码,见表 6-13;第 19 位、第 20 位为水源地小类码,取值范围 01~99;编码结构见图 6-7。

水源地类型码 表 6-13

序号	水源地类型	水源地类型码
1	河道型	S
2	水库型	R
3	湖泊型	L
4	地下水	G
5	长距离调水的渠道型	C
6	其他	T

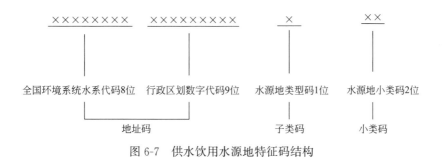

图 6-7 供水饮用水源地特征码结构

6.3 数据字典分类与编码

6.3.1 数据字典分类(表 6-14)

数据字典分类代码 表 6-14

分类码	中文名称
0	逻辑值(有无)
1	逻辑值(是否)
2	二次供水管理模式
3	行政级别
4	供水单位类别

续表

分类码	中文名称
5	供水单位企业性质
6	供水单位服务类别
7	实验室资质认定级别
8	地表原水水质在线监测项目
9	水质在线监测数据接收频率
10	在线监测历史数据保存时间
11	地下水水质在线监测项目
12	出厂水、管网水水质在线监测项目
13	地表水质监测常规项目
14	饮用水地表水水源地补充项目
15	地表水质监测特定项目
16	地下水水质监测指标
17	饮用水水质常规监测指标(水厂出厂水水质监测项目、水质人工采样检测布局中出厂水与管网水水质日检、半月检、月检、季检、半年检与年检项目)
18	饮用水水质非常规监测指标(水质人工采样检测布局中出厂水与管网水水质日检、半月检、月检、季检、半年检与年检项目等)
19	在线监测站点建设单位
20	水厂产权结构
21	水源地类别
22	水源地所属流域
23	出厂水压类型
24	流量计类型
25	地表水水厂预处理工艺(常规-非应急状态)
26	地表水水厂混合工艺
27	地表水水厂絮凝工艺
28	地表水水厂混凝剂及助凝剂
29	地表水水厂沉淀工艺
30	地表水水厂过滤工艺
31	地表水水厂滤料
32	地表水水厂深度处理工艺
33	地表水水厂消毒方式
34	地下水水厂特殊处理工艺
35	地下水水厂消毒方式
36	水厂级水质在线监控设备_原水

分类码	中文名称
37	水厂级水质在线监控设备_出厂水
38	水厂混凝沉淀工艺水质在线监测设备
39	水厂过滤工艺水质在线监测设备
40	水厂深度处理工艺在线监测设备
41	水厂消毒工艺在线监测设备
42	水厂原水水质监测指标
43	水厂周界报警方式
44	水厂周界视频监控
45	水厂氯气回收装置
46	在建项目情况
47	在建项目建设内容
48	在建项目性质
49	在建项目建设进度
50	水样类型
51	水质监测报告的样品检测类型
52	事件类型
53	目前事事件处理状态

6.3.2 字段选项编码表

6.3.2.1 逻辑值数据字典（表6-15）

逻辑值数据字典代码 表6-15

分类码	子码	代码	中文名称
00			逻辑值
	01	0001	有
	02	0002	无

6.3.2.2 是与否数据字典（表6-16）

是与否代码数据字典代码 表6-16

分类码	子码	代码	中文名称
01			是否
	01	0101	是
	02	0102	否

6.3.2.3　二次供水管理模式数据字典代码（表 6-17）

二次供水管理模式数据字典代码　　　　　　　　　表 6-17

分类码	子码	代码	中文名称
02			二次供水管理模式
	01	0201	供水单位统一运营模式
	02	0202	管养分离模式（供水单位管理与服务外包）
	03	0203	供水单位与物业双轨制模式
	04	0204	物业市场化管理模式
	98	0298	其他

6.3.2.4　行政级别数据字典代码（表 6-18）

行政级别数据字典代码　　　　　　　　　　表 6-18

分类码	子码	代码	中文名称
03			行政级别
	01	0301	直辖市
	02	0302	市
	03	0303	县
	04	0304	镇
	05	0305	村

6.3.2.5　供水单位类别数据字典代码（表 6-19）

供水单位类别数据字典代码　　　　　　　　　表 6-19

分类码	子码	代码	中文名称
04			供水单位类别
	01	0401	公共供水
	02	0402	自建设施
	03	0403	第三方城镇供水水质监管

6.3.2.6　供水单位企业性质数据字典代码（表 6-20）

供水单位企业性质数据字典代码　　　　　　　　表 6-20

分类码	子码	代码	中文名称
05			供水单位企业性质
	01	0501	企业
	02	0502	事业单位
	03	0503	国有独资
	04	0504	中外合资

分类码	子码	代码	中文名称
	05	0505	国内合资
	06	0506	民营
	98	0598	其他

6.3.2.7 供水单位服务类别数据字典代码（表6-21）

供水单位服务类别数据字典代码 　　　　　　　　　　　表6-21

分类码	子码	代码	中文名称
06			供水单位服务类别
	01	0601	产供销一体
	02	0602	独立源水
	03	0603	独立制水
	04	0604	独立管网(售水)
	98	0698	其他

6.3.2.8 实验室资质认定级别数据字典代码（表6-22）

实验室资质认定级别数据字典代码 　　　　　　　　　　表6-22

分类码	子码	代码	中文名称
07			实验室资质认定级别
	01	0701	国家级
	02	0702	省级

6.3.2.9 地表原水水质在线监测项目数据字典代码（表6-23）

地表原水水质在线监测项目数据字典代码 　　　　　　　表6-23

分类码	子码	代码	中文名称
08			地表原水水质在线监测项目
	01	0801	pH
	02	0802	温度
	03	0803	溶解氧(DO)
	04	0804	电导率
	05	0805	浊度
	06	0806	高锰酸盐指数
	07	0807	化学需氧量(COD_{cr})
	08	0808	生物耗氧量(BOD)
	09	0809	氨氮(NH_3-N)
	10	0810	总磷
	11	0811	总氮

分类码	子码	代码	中文名称
	12	0812	氟化物
	13	0813	重金属
	14	0814	总汞
	15	0815	总砷
	16	0816	硝酸盐
	17	0817	氰化物
	18	0818	石油类
	19	0819	总有机碳（TOC）
	20	0820	叶绿素 a
	21	0821	藻类
	22	0822	蓝绿藻
	23	0823	氯离子
	24	0824	生物综合毒性（发光菌类）
	25	0825	生物综合毒性（鱼类）
	26	0826	生物综合毒性（其他）
	27	0827	综合毒性（化学发光法）
	28	0828	UV_{254}
	29	0829	在线光谱仪
	30	0830	挥发性有机物（VOC）
	31	0831	水质分析质谱仪
	98	0898	其他

6.3.2.10 在线监测数据接收频率数据字典代码（表 6-24）

在线监测数据接收频率数据字典代码 表 6-24

分类码	子码	代码	中文名称
09			在线监测数据接收频率
	01	0901	实时
	02	0902	1min
	03	0903	3min
	04	0904	5min
	05	0905	10min
	06	0906	15min
	07	0907	30min
	08	0908	60min
	09	0909	120min
	10	0910	120min 以上
	98	0998	其他

6.3.2.11 在线监测历史数据保存时间数据字典代码（表6-25）

在线监测历史数据保存时间数据字典代码 表6-25

分类码	子码	代码	中文名称
10			在线监测历史数据保存时间
	01	1001	无
	02	1002	小于1周
	03	1003	1周
	04	1004	1月
	05	1005	1季度
	06	1006	1年
	07	1007	3年
	08	1008	3年以上
	98	1098	其他

6.3.2.12 地下水水质在线监测项目数据字典代码（表6-26）

地下水水质在线监测项目数据字典代码 表6-26

分类码	子码	代码	中文名称
11			地下水水质在线监测项目
	01	1101	pH
	02	1102	浊度
	03	1103	氨氮(NH_3-N)
	04	1104	高锰酸盐指数
	05	1105	综合毒性
	06	1106	重金属
	07	1107	总铁
	08	1108	总锰
	09	1109	总汞
	10	1110	总砷
	11	1111	硝酸盐
	12	1112	氰化物
	13	1113	石油类
	98	1198	其他

6.3.2.13 出厂水、管网水水质在线监测项目数据字典代码（表6-27）

出厂水、管网水水质在线监测项目数据字典代码 表6-27

分类码	子码	代码	中文名称
12			出厂水、管网水水质在线监测项目
	01	1201	pH

续表

分类码	子码	代码	中文名称
	02	1202	浊度
	03	1203	余氯
	04	1204	总氯
	05	1205	二氧化氯
	06	1206	一氯胺
	98	1298	其他

6.3.2.14　地表水质监测常规项目数据字典代码（表6-28）

地表水质监测常规项目数据字典代码 表6-28

分类码	子码	代码	中文名称
13			地表水质监测常规项目
	01	1301	水温(℃)
	02	1302	pH
	03	1303	溶解氧(DO)
	04	1304	高锰酸盐指数
	05	1305	化学需氧量(COD_{cr})
	06	1306	五日生化需氧量(BOD_5)
	07	1307	氨氮(NH_3-N)
	08	1308	总磷(以P计)
	09	1309	总氮(湖、库以N计)
	10	1310	铜
	11	1311	锌
	12	1312	氟化物(以F计)
	13	1313	硒
	14	1314	砷
	15	1315	汞
	16	1316	镉
	17	1317	铬（六价）
	18	1318	铅
	19	1319	氰化物
	20	1320	挥发酚
	21	1321	石油类
	22	1322	阴离子表面活性剂
	23	1323	硫化物
	24	1324	粪大肠菌群

6.3.2.15 饮用水地表水水源地补充项目数据字典代码（表6-29）

饮用水地表水水源地补充项目数据字典代码　　　表6-29

分类码	子码	代码	中文名称
14			饮用水地表水水源地补充项目
	01	1401	硫酸盐(以 SO_4^{2-} 计)
	02	1402	氯化物(以 Cl^- 计)
	03	1403	硝酸盐(以 N 计)
	04	1404	铁
	05	1405	锰

6.3.2.16 地表水质监测特定项目数据字典代码（表6-30）

地表水质监测特定项目数据字典代码　　　表6-30

分类码	子码	代码	中文名称
15			地表水质监测特定项目
	01	1501	三氯甲烷
	02	1502	四氯化碳
	03	1503	三溴甲烷
	04	1504	二氯甲烷
	05	1505	1,2-二氯乙烷
	06	1506	环氧氯丙烷
	07	1507	氯乙烯
	08	1508	1,1-二氯乙烯
	09	1509	1,2-二氯乙烯
	10	1510	三氯乙烯
	11	1511	四氯乙烯
	12	1512	氯丁二烯
	13	1513	六氯丁二烯
	14	1514	苯乙烯
	15	1515	甲醛
	16	1516	乙醛
	17	1517	丙烯醛
	18	1518	三氯乙醛
	19	1519	苯
	20	1520	甲苯
	21	1521	乙苯
	22	1522	二甲苯
	23	1523	异丙苯

续表

分类码	子码	代码	中文名称
	24	1524	氯苯
	25	1525	1,2-二氯苯
	26	1526	1,4-二氯苯
	27	1527	三氯苯
	28	1528	四氯苯
	29	1529	六氯苯
	30	1530	硝基苯
	31	1531	二硝基苯
	32	1532	2,4-二硝基甲苯
	33	1533	2,4,6-三硝基甲苯
	34	1534	硝基氯苯
	35	1535	2,4-二硝基氯苯
	36	1536	2,4-二氯苯酚
	37	1537	2,4,6-三氯苯酚
	38	1538	五氯酚
	39	1539	苯胺
	40	1540	联苯胺
	41	1541	丙烯酰胺
	42	1542	丙烯腈
	43	1543	邻苯二甲酸二丁酯
	44	1544	邻苯二甲酸二(2-乙基己基)酯
	45	1545	水合肼
	46	1546	四乙基铅
	47	1547	吡啶
	48	1548	松节油
	49	1549	苦味酸
	50	1550	丁基黄原酸
	51	1551	活性氯
	52	1552	滴滴涕
	53	1553	林丹
	54	1554	环氧七氯
	55	1555	对硫磷
	56	1556	甲基对硫磷
	57	1557	马拉硫磷
	58	1558	乐果
	59	1559	敌敌畏

分类码	子码	代码	中文名称
	60	1560	敌百虫
	61	1561	内吸磷
	62	1562	百菌清
	63	1563	甲萘威
	64	1564	溴氰菊酯
	65	1565	阿特拉津
	66	1566	苯并(a)芘
	67	1567	甲基汞
	68	1568	多氯联苯
	69	1569	微囊藻毒素-LR
	70	1570	黄磷
	71	1571	钼
	72	1572	钴
	73	1573	铍
	74	1574	硼
	75	1575	锑
	76	1576	镍
	77	1577	钡
	78	1578	钒
	79	1579	钛
	80	1580	铊

6.3.2.17 地下水水质监测项目数据字典代码 (表6-31)

地下水水质监测项目数据字典代码　　　　　　　　　　　　　　**表6-31**

分类码	子码	代码	中文名称
16			地下水水质监测项目
	01	1601	色(度)
	02	1602	嗅和味
	03	1603	浑浊度(度)
	04	1604	肉眼可见物
	05	1605	pH
	06	1606	总硬度(以 $CaCO_3$ 计)
	07	1607	溶解性总固体
	08	1608	硫酸盐
	09	1609	氯化物
	10	1610	铁

分类码	子码	代码	中文名称
	11	1611	锰
	12	1612	铜
	13	1613	锌
	14	1614	钼
	15	1615	钴
	16	1616	挥发性酚类(以苯酚计)
	17	1617	阴离子合成洗涤剂
	18	1618	高锰酸盐指数
	19	1619	硝酸盐(以 N 计)
	20	1620	亚硝酸盐(以 N 计)
	21	1621	氨氮(NH_3-N)
	22	1622	氟化物
	23	1623	碘化物
	24	1624	氰化物
	25	1625	汞
	26	1626	砷
	27	1627	硒
	28	1628	镉
	29	1629	铬(六价)
	30	1630	铅
	31	1631	铍
	32	1632	钡
	33	1633	镍
	34	1634	滴滴涕
	35	1635	六六六
	36	1636	总大肠菌群
	37	1637	细菌总数
	38	1638	总 α 放射性
	39	1639	总 β 放射性

6.3.2.18 饮用水水质常规监测项目数据字典代码 (表6-32)

饮用水水质常规监测项目数据字典代码　　　　　　表6-32

分类码	子码	代码	中文名称
17			饮用水水质常规监测项目
	01	1701	氯气及游离氯制剂
	02	1702	一氯胺(总氯)

续表

分类码	子码	代码	中文名称
	03	1703	臭氧
	04	1704	二氧化氯
	05	1705	总大肠菌群
	06	1706	耐热大肠菌群
	07	1707	大肠埃希氏菌
	08	1708	菌落总数
	09	1709	砷
	10	1710	镉
	11	1711	铬(六价)
	12	1712	铅
	13	1713	汞
	14	1714	硒
	15	1715	氰化物
	16	1716	氟化物
	17	1717	硝酸盐(以 N 计)
	18	1718	三氯甲烷
	19	1719	四氯化碳
	20	1720	溴酸盐
	21	1721	甲醛
	22	1722	亚氯酸盐
	23	1723	氯酸盐
	24	1724	色度
	25	1725	浑浊度
	26	1726	臭和味
	27	1727	肉眼可见物
	28	1728	pH
	29	1729	铝
	30	1730	铁
	31	1731	锰
	32	1732	铜
	33	1733	锌
	34	1734	氯化物
	35	1735	硫酸盐
	36	1736	溶解性总固体
	37	1737	总硬度(以 $CaCO_3$ 计)
	38	1738	高锰酸盐指数

分类码	子码	代码	中文名称
	39	1739	挥发酚类
	40	1740	阴离子合成洗涤剂
	41	1741	总 α 放射性
	42	1742	总 β 放射性

6.3.2.19　饮用水水质非常规监测项目数据字典代码（表6-33）

饮用水水质非常规监测项目数据字典代码

表 6-33

分类码	子码	代码	中文名称
18			饮用水水质非常规监测项目
	01	1801	贾第鞭毛虫
	02	1802	隐孢子虫
	03	1803	锑
	04	1804	钡
	05	1805	铍
	06	1806	硼
	07	1807	钼
	08	1808	镍
	09	1809	银
	10	1810	铊
	11	1811	氯化氰(以 CN⁻ 计)
	12	1812	一氯二溴甲烷
	13	1813	二氯一溴甲烷
	14	1814	二氯乙酸
	15	1815	1,2-二氯乙烷
	16	1816	二氯甲烷
	17	1817	三卤甲烷
	18	1818	1,1,1-三氯乙烷
	19	1819	三氯乙酸
	20	1820	三氯乙醛
	21	1821	2,4,6-三氯酚
	22	1822	三溴甲烷
	23	1823	七氯
	24	1824	马拉硫磷
	25	1825	五氯酚
	26	1826	六六六(总量)
	27	1827	六氯苯

分类码	子码	代码	中文名称
	28	1828	乐果
	29	1829	对硫磷
	30	1830	灭草松
	31	1831	甲基对硫磷
	32	1832	百菌清
	33	1833	呋喃丹
	34	1834	林丹
	35	1835	毒死蜱
	36	1836	草甘膦
	37	1837	敌敌畏
	38	1838	莠去津
	39	1839	溴氰菊酯
	40	1840	2,4-滴
	41	1841	滴滴涕
	42	1842	乙苯
	43	1843	二甲苯
	44	1844	1,1-二氯乙烯
	45	1845	1,2-二氯乙烯
	46	1846	1,2-二氯苯
	47	1847	1,4-二氯苯
	48	1848	三氯乙烯
	49	1849	三氯苯（总量）
	50	1850	六氯丁二烯
	51	1851	丙烯酰胺
	52	1852	四氯乙烯
	53	1853	甲苯
	54	1854	邻苯二甲酸二(2-乙基己基)酯
	55	1855	环氧氯丙烷
	56	1856	苯
	57	1857	苯乙烯
	58	1858	苯并(a)芘
	59	1859	氯乙烯
	60	1860	氯苯
	61	1861	微囊藻毒素-LR
	62	1862	氨氮(NH_3-N)（以 N 计）
	63	1863	硫化物
	64	1864	钠

6.3.2.20　在线监测站点建设单位数据字典代码（表 6-34）

在线监测站点建设单位数据字典代码　　　　　表 6-34

分类码	子码	代码	中文名称
19			在线监测站点建设单位
	01	1901	供水行政主管部门
	02	1902	供水单位
	03	1903	环境保护部门
	04	1904	水利部门
	05	1998	其他

6.3.2.21　水厂产权结构数据字典代码（表 6-35）

水厂产权结构数据字典代码　　　　　表 6-35

分类码	子码	代码	中文名称
20			水厂产权结构
	01	2001	国有独资
	02	2002	中外合资中方控股
	03	2003	中外合资外方控股
	04	2004	BOT
	05	2005	股份公司国有控股
	06	2006	股份公司社会资金控股
	98	2098	其他

6.3.2.22　水源地类别数据字典代码（表 6-36）

水源地类别数据字典代码　　　　　表 6-36

分类码	子码	代码	中文名称
21			水源地类别
	01	2101	地下水
	02	2102	地表水

6.3.2.23　水源地所属流域数据字典代码（表 6-37）

水源地所属流域数据字典代码　　　　　表 6-37

分类码	子码	代码	中文名称
22			水源地所属流域
	01	2201	黑龙江流域
	02	2202	辽河流域
	03	2203	海滦河流域
	04	2204	黄河流域

分类码	子码	代码	中文名称
	05	2205	淮河流域
	06	2206	长江流域
	07	2207	东南沿海诸河流域
	08	2208	珠江流域
	09	2209	云南、西藏、新疆国际河流诸河流域
	10	2210	内流区
	98	2298	其他

6.3.2.24 出厂水压类型数据字典代码（表6-38）

出厂水压类型数据字典代码 表6-38

分类码	子码	代码	中文名称
23			出厂水压类型
	01	2301	重力流供水
	02	2302	加压供水

6.3.2.25 流量计类型数据字典代码（表6-39）

流量计类型数据字典代码 表6-39

分类码	子码	代码	中文名称
24			流量计类型
	01	2401	电磁
	02	2402	超声
	98	2498	其他

6.3.2.26 地表水水厂预处理工艺（常规-非应急状态）数据字典代码（表6-40）

地表水水厂预处理工艺（常规-非应急状态）数据字典代码 表6-40

分类码	子码	代码	中文名称
25			地表水厂预处理工艺(常规-非应急状态)
	01	2501	粉末活性炭吸附法
	02	2502	臭氧
	03	2503	高锰酸钾氧化法
	04	2504	曝气法
	05	2505	预沉法
	06	2506	生物预处理
	07	2507	预氯法
	98	2598	其他
	99	2599	无

6.3.2.27　地表水水厂混合工艺数据字典代码（表6-41）

地表水水厂混合工艺数据字典代码　　　　　表 6-41

分类码	子码	代码	中文名称
26			地表水厂混合工艺
	01	2601	机械混合
	02	2602	水力混合
	99	2699	无

6.3.2.28　地表水水厂絮凝工艺数据字典代码（表6-42）

地表水水厂絮凝工艺数据字典代码　　　　　表 6-42

分类码	子码	代码	中文名称
27			地表水厂絮凝工艺
	01	2701	机械絮凝池
	02	2702	隔板絮凝池
	03	2703	折板絮凝池
	04	2704	栅条絮凝池
	05	2705	孔室絮凝
	06	2706	网格絮凝池
	07	2707	穿孔旋流絮凝池
	08	2708	摇摆式搅拌机械絮凝池
	09	2709	接触式絮凝池
	10	2710	组合絮凝池
	98	2798	其他
	99	2799	无

6.3.2.29　地表水水厂混凝剂与助凝剂数据字典代码（表6-43）

地表水水厂混凝剂与助凝剂数据字典代码　　　　　表 6-43

分类码	子码	代码	中文名称
28			地表水厂混凝剂与助凝剂
	01	2801	硫酸铝
	02	2802	明矾
	03	2803	聚合氯化铝
	04	2804	聚合氯化铝铁
	05	2805	聚合硫酸铝
	06	2806	三氯化铁
	07	2807	硫酸亚铁
	08	2808	聚合硫酸铁

分类码	子码	代码	中文名称
	09	2809	聚合氯化铁
	10	2810	聚丙烯酰胺
	98	2898	其他
	99	2899	无

6.3.2.30 地表水水厂沉淀工艺数据字典代码（表6-44）

地表水水厂沉淀工艺数据字典代码　　　　表6-44

分类码	子码	代码	中文名称
29			地表水厂沉淀工艺
	01	2901	平流沉淀池
	02	2902	斜管沉淀池
	03	2903	斜板沉淀池
	04	2904	机械搅拌澄清池
	05	2905	水力循环澄清池
	06	2906	脉冲澄清池
	07	2907	辐流式沉淀池
	08	2908	气浮池
	09	2909	悬浮澄清池
	98	2998	其他
	99	2999	无

6.3.2.31 地表水水厂过滤工艺数据字典代码（表6-45）

地表水水厂过滤工艺数据字典代码　　　　表6-45

分类码	子码	代码	中文名称
30			地表水厂过滤工艺
	01	3001	普通快滤池
	02	3002	V 型滤池
	03	3003	虹吸滤池
	04	3004	重力无阀滤池
	05	3005	移动罩滤池
	06	3006	慢滤池
	07	3007	压力滤池
	08	3008	纤维过滤池
	09	3009	表面过滤池
	10	3010	翻板滤池
	98	3098	其他
	99	3099	无

6.3.2.32 地表水水厂滤料数据字典代码（表6-46）

地表水水厂滤料数据字典代码 表6-46

分类码	子码	代码	中文名称
31			地表水厂滤料
	01	3101	无烟煤
	02	3102	石英砂
	03	3103	石榴石等重质矿石
	98	3198	其他
	99	3199	无

6.3.2.33 地表水水厂深度处理工艺数据字典代码（表6-47）

地表水水厂深度处理工艺数据字典代码 表6-47

分类码	子码	代码	中文名称
32			地表水厂深度处理工艺
	01	3201	粉末活性炭吸附
	02	3202	臭氧-粒状活性炭联用
	03	3203	化学氧化
	04	3204	超声波-紫外线联用
	05	3205	微滤
	06	3206	反渗透
	07	3207	超滤
	08	3208	纳滤
	09	3209	活性炭过滤
	98	3298	其他
	99	3299	无

6.3.2.34 地表水水厂消毒方式数据字典代码（表6-48）

地表水水厂消毒方式数据字典代码 表6-48

分类码	子码	代码	中文名称
33			地表水厂消毒方式
	01	3301	氯
	02	3302	二氧化氯
	03	3303	一氯胺
	04	3304	漂白粉(精)
	05	3305	次氯酸钠
	06	3306	臭氧
	07	3307	紫外线

分类码	子码	代码	中文名称
	98	3398	其他
	99	3399	无

6.3.2.35 地下水水厂特殊处理工艺数据字典代码（表6-49）

地下水水厂特殊处理工艺数据字典代码 　　　　　　　表6-49

分类码	子码	代码	中文名称
34			地下水水厂特殊处理工艺
	01	3401	除铁
	02	3402	除锰
	03	3403	除氟
	04	3404	除砷
	98	3498	其他
	99	3499	无

6.3.2.36 地下水水厂消毒方式数据字典代码（表6-50）

地下水水厂消毒方式数据字典代码 　　　　　　　表6-50

分类码	子码	代码	中文名称
35			地下水水厂消毒方式
	01	3501	液氯
	02	3502	二氧化氯
	03	3503	一氯胺
	04	3504	臭氧
	05	3505	次氯酸钠
	98	3598	其他
	99	3599	无

6.3.2.37 水厂级原水水质在线监测项目数据字典代码（表6-51）

水厂级原水水质在线监测项目数据字典代码 　　　　　　　表6-51

分类码	子码	代码	中文名称
36			水厂级原水水质在线监测项目
	01	3601	常规五参数（pH、温度、溶解氧DO、电导率、浊度）
	02	3602	pH
	03	3603	温度
	04	3604	溶解氧DO
	05	3605	电导率

分类码	子码	代码	中文名称
	06	3606	浊度
	07	3607	高锰酸盐指数
	08	3608	氨氮（NH_3-N）
	09	3609	叶绿素
	10	3610	藻类
	11	3611	重金属
	12	3612	毒性
	98	3698	其他
	99	3699	无

6.3.2.38　水厂级出厂水水质在线监测项目数据字典代码（表6-52）

水厂级原水水质在线监测项目数据字典代码　　　　表 6-52

分类码	子码	代码	中文名称
37			水厂级出厂水水质在线监测项目
	01	3701	浊度
	02	3702	pH
	03	3703	余氯
	98	3798	其他
	99	3799	无

6.3.2.39　水厂混凝沉淀工艺水质在线监测项目数据字典代码（表6-53）

水厂混凝沉淀工艺水质在线监测项目数据字典代码　　　　表 6-53

分类码	子码	代码	中文名称
38			水厂混凝沉淀工艺水质在线监测项目
	01	3801	浊度
	02	3802	pH
	03	3803	碱度
	98	3898	其他

6.3.2.40　水厂过滤工艺水质在线监测项目数据字典代码（表6-54）

水厂过滤工艺水质在线监测项目数据字典代码　　　　表 6-54

分类码	子码	代码	中文名称
39			水厂过滤工艺水质在线监测项目
	01	3901	浊度
	02	3902	颗粒计数

续表

分类码	子码	代码	中文名称
	03	3903	pH
	98	3998	其他

6.3.2.41 水厂深度处理工艺水质在线监测项目数据字典代码（表6-55）

水厂深度处理工艺水质在线监测项目数据字典代码　　　　表6-55

分类码	子码	代码	中文名称
40			水厂深度处理工艺水质在线监测项目
	01	4001	浊度
	02	4002	颗粒计数
	03	4003	pH
	04	4004	臭氧
	05	4005	溶解氧 DO
	06	4006	氧化还原电位（OPR）
	07	4007	UV_{254}
	08	4008	总有机碳（TOC）
	09	4009	高锰酸盐指数
	10	4010	氨氮
	11	4011	淤积密度指数（SDI）
	98	4098	其他

6.3.2.42 水厂消毒工艺水质在线监测项目数据字典代码（表6-56）

水厂消毒工艺水质在线监测项目数据字典代码　　　　表6-56

分类码	子码	代码	中文名称
41			水厂消毒工艺水质在线监测项目
	01	4101	余氯
	02	4102	总氯
	03	4103	二氧化氯
	04	4104	一氯胺
	98	4198	其他

6.3.2.43 水厂原水水质监测项目数据字典代码（表6-57）

水厂原水水质监测项目数据字典代码　　　　表6-57

分类码	子码	代码	中文名称
42			水厂原水水质监测项目
	01	4201	水温(℃)

续表

分类码	子码	代码	中文名称
	02	4202	pH
	03	4203	溶解氧 DO
	04	4204	高锰酸盐指数
	05	4205	化学需氧量(COD_{cr})
	06	4206	五日生化需氧量(BOD_5)
	07	4207	氨氮($NH_3\text{-}N$)
	08	4208	总磷(以 P 计)
	09	4209	总氮(湖、库,以 N 计)
	10	4210	铜
	11	4211	锌
	12	4212	氟化物(以 F^- 计)
	13	4213	硒
	14	4214	砷
	15	4215	汞
	16	4216	镉
	17	4217	铬(六价)
	18	4218	铅
	19	4219	氰化物
	20	4220	挥发性酚类(以苯酚计)
	21	4221	石油类
	22	4222	阴离子表面活性剂
	23	4223	硫化物
	24	4224	粪大肠菌群
	25	4225	硫酸盐(以 SO_4^{2-} 计)
	26	4226	氯化物(以 Cl^- 计)
	27	4227	硝酸盐(以 N 计)
	28	4228	铁
	29	4229	锰
	30	4230	色(度)
	31	4231	嗅和味
	32	4232	浑浊度(度)
	33	4233	肉眼可见物
	34	4234	总硬度(以 $CaCO_3$ 计)
	35	4235	溶解性总固体
	36	4236	钼
	37	4237	钴
	38	4238	阴离子合成洗涤剂
	39	4239	亚硝酸盐(以 N 计)

分类码	子码	代码	中文名称
	40	4240	碘化物
	41	4241	铍
	42	4242	钡
	43	4243	镍
	44	4244	滴滴涕
	45	4245	六六六
	46	4246	总大肠菌群
	47	4247	细菌总数
	48	4248	总 α 放射性
	49	4249	总 β 放射性

6.3.2.44 水厂周界报警方式数据字典代码（表6-58）

水厂周界报警方式数据字典代码　　　　　　　　　　表6-58

分类码	子码	代码	中文名称
43			水厂周界报警方式
	01	4301	安装红外对射
	02	4302	安装电子围栏
	03	4303	安装划线报警
	98	4398	其他

6.3.2.45 水厂视频监控方式数据字典代码（表6-59）

水厂视频监控方式数据字典代码　　　　　　　　　　表6-59

分类码	子码	代码	中文名称
44			水厂视频监控方式
	01	4401	安装数字高清
	02	4402	安装模拟信号
	98	4498	其他

6.3.2.46 水厂氯气回收装置数据字典代码（表6-60）

水厂氯气回收装置数据字典代码　　　　　　　　　　表6-60

分类码	子码	代码	中文名称
45			水厂氯气回收装置
	01	4501	氯化亚铁回收装置
	02	4502	碱回收装置
	98	4598	其他

6.3.2.47　在建项目情况数据字典代码（表6-61）

在建项目情况数据字典代码

表6-61

分类码	子码	代码	中文名称
46			在建项目情况
	01	4601	在建
	02	4602	规划拟建

6.3.2.48　在建项目建设内容数据字典代码（表6-62）

在建项目建设内容数据字典代码

表6-62

分类码	子码	代码	中文名称
47			在建项目建设内容
	01	4701	自来水厂
	02	4702	自来水厂＋管网
	03	4703	管网

6.3.2.49　在建项目性质数据字典代码（表6-63）

在建项目性质数据字典代码

表6-63

分类码	子码	代码	中文名称
48			在建项目性质
	01	4801	新建
	02	4802	改建
	03	4803	扩建

6.3.2.50　在建项目建设进度数据字典代码（表6-64）

在建项目建设进度数据字典代码

表6-64

分类码	子码	代码	中文名称
49			在建项目建设进度
	01	4901	方案论证
	02	4902	可研批复
	03	4903	初步设计
	04	4904	施工图设计
	05	4905	三通一平
	06	4906	基础工程
	07	4907	构筑物浇筑
	08	4908	土建完成
	09	4909	设备安装
	10	4910	单机调试
	11	4911	联合试车

分类码	子码	代码	中文名称
	12	4912	竣工验收
	13	4913	投入运行

6.3.2.51 水样类型数据字典代码（表6-65）

水样类型数据字典代码 表6-65

分类码	子码	代码	中文名称
50			水样类型
	01	5001	地表水原水
	02	5002	地下水原水
	03	5003	出厂水
	04	5004	管网水
	05	5005	二次供水
	06	5006	地下水水源直供井
	07	5007	水厂混凝沉淀工艺水
	08	5008	水厂过滤工艺水
	09	5009	水厂深度处理工艺水
	10	5010	水厂消毒工艺水

6.3.2.52 水质监测报告的样品检测类型数据字典代码（表6-66）

水质监测报告的样品检测类型数据字典代码 表6-66

分类码	子码	代码	中文名称
51			水质监测报告的样品检测类型
	01	5101	周检
	02	5102	半月检
	03	5103	月检
	04	5104	季检
	05	5105	半年检
	06	5106	年检
	07	5107	飞行检查
	08	5108	水质督察

6.3.2.53 事件类型数据字典代码（表6-67）

事件类型数据字典代码 表6-67

分类码	子码	代码	中文名称
52			事件类型
	01	5201	水源污染

分类码	子码	代码	中文名称
	02	5202	管网事故
	03	5203	水厂事故
	04	5204	人为破坏
	05	5205	自然灾害

6.3.2.54 目前事件处理状态数据字典代码（表6-68）

目前事件处理状态数据字典代码　　　　表 6-68

分类码	子码	代码	中文名称
53			目前事件处理状态
	01	5301	未上报
	02	5302	已上报
	03	5303	处理中
	04	5304	已控制
	05	5305	已解除
	06	5306	停水

6.4 水质指标分类与编码

6.4.1 水质指标分类（表6-69）

水质指标分类代码　　　　表 6-69

大类码	子类码	代码	指标名称	英文名称
A		A00000	生物指标	Biological index
	01	A01000	细菌	Bacteria
	02	A02000	病毒	Virus
	03	A03000	真菌	Fungi
	04	A04000	藻类	Alga
	05	A05000	原生动物	Protozoa
	06	A06000	蠕虫（寄生虫）	Helminths
	07	A07000	其他生物指标	other Biological index
B		B00000	感官性状与综合指标	Sensory properties and synthetical index
	01	B01000	感官性状指标	Sensory properties index
	02	B02000	综合指标	Synthetical index
C		C00000	金属与无机非金属指标	Metal and inorganic nonmetal index
	01	C01000	金属	Metal

大类码	子类码	代码	指标名称	英文名称
	02	C02000	无机非金属	Inorganic nonmetal
D		D00000	有机物指标	Organic index
	01	D01000	农药	Pesticide
	02	D02000	挥发性有机物	Volatile organic compounds
	03	D03000	半挥发性有机物	Semi-volatile organic compounds
	04	D04000	药品与个人护理用品	Pharmaceuticals and personal care Products
	05	D05000	其他有机物	other Organic index
E		E00000	消毒剂与消毒副产物指标	Disinfectants and disinfection by-products
	01	E01000	消毒剂	Disinfectants
	02	E02000	消毒副产物	Disinfection by-products
F		F00000	放射性指标	Radioactive index
	01	F01000	放射性	Radioactivity
	02	F02000	核素	Nuclide

6.4.2　生物指标（表6-70）

生物指标代码　　　　　　表6-70

代码	指标名称	别名	英文/拉丁文
A00000	**生物指标**		**Biological Index**
A01000	**细菌**		**Bacteria**
A01001	菌落总数	细菌总数、异养菌总数	*Heterotrophic plate count*（HPC）
A01002	总大肠菌群	大肠菌群	*Total coliforms*
A01003	耐热大肠菌群		*Thermotolerant coliform bacteria*
A01004	粪大肠菌群		*Fecal coliforms*
A01005	大肠埃希氏菌	大肠杆菌、大肠埃希菌	*Escherichia coli*
A01006	致病性大肠埃希氏杆菌		*Escherichia coli -Pathogenic*
A01007	致泻大肠埃希氏菌		*Escherichia coli Diarrheogenic*
A01008	肠出血性大肠杆菌		*E. coli - Enterohaemorrhagic*
A01009	肠球菌		*Enterococci*
A01010	产气荚膜梭状芽孢杆菌	产气荚膜梭菌	*Clostridium perfringens*
A01011	芽孢杆菌		*Bacillus*
A01012	粪型链球菌群	粪链球菌	*Streptococcus faecalis*
A01013	致病菌（沙门氏菌、志贺氏菌、金黄色葡萄球菌）		*Pathogens bacterial*（*Salmonella*,*Shigella*,*Staphylococcus aureus*）

续表

代码	指标名称	别名	英文/拉丁文
A01014	沙门氏菌		*Salmonella*
A01015	伤寒沙门氏菌		*Salmonella typhi*
A01016	肠道沙门氏菌		*Salmonella enterica*
A01017	其他沙门氏菌		Other *Salmonella*
A01018	志贺氏菌		*Shigella*
A01019	宋内志贺菌	索氏志贺菌	*Shigella sonnei*
A01020	金黄色葡萄球菌		*Staphylococcus aureus*
A01021	铜绿假单胞菌	绿脓杆菌	*Pseudomonas aeruginosa*
A01022	军团菌		*Legionella*
A01023	亚硫酸还原菌		*Sulfite-reducing Bacteria*
A01024	硫酸盐还原菌		*Sulfate-reducing Bacteria*
A01025	溶血性链球菌		*Hemolytic Streptococcus*
A01026	不动杆菌		*Acinetobacter*
A01027	嗜水气单胞菌	气单胞菌	*Aeromonas*
A01028	类鼻疽伯克氏菌		*Burkholderia pseudomallei*
A01029	空肠弯曲菌	空肠弯曲杆菌	*Campylobacter jejuni*
A01030	阪崎肠杆菌		*Enterobacter sakazakii*
A01031	幽门螺旋杆菌	幽门螺杆菌、幽门螺旋菌	*Helicobacter pylori*
A01032	克雷伯菌		*Klebsiella*
A01033	束村氏菌		*Tsukamurella*
A01034	霍乱弧菌		*Vibrio cholerae*
A01035	弧菌		*Vibrio*
A01036	耶尔森氏菌		*Yersinia*
A01037	小肠结肠炎型耶尔森氏菌		*Yersinia enterocolitica*
A01038	土拉弗朗西斯菌	土拉热杆菌	*Francisella tularensis*
A01039	钩端螺旋体	细螺旋体、细螺旋体	*Leptospira*
A01040	结核分枝杆菌		*Mycobacterium tuberculosis*
A01041	非结核分枝杆菌		*Mycobacterium nontuberculous*
A01042	鸟型结核分枝杆菌		*Mycobacterium avium*
A02000	**病毒**		**Virus**
A02001	大肠杆菌噬菌体		*Coliphage*
A02002	脆弱拟杆菌噬菌体		*Bacteroides fragilis phage*
A02003	肠病毒		*Enterovirus*
A02004	腺病毒		*Adenovirus*

代码	指标名称	别名	英文/拉丁文
A02005	星状病毒		*Astrovirus*
A02006	杯状病毒	卡利瑟病毒、卡利色病毒	*Calicivirus*
A02007	诺如病毒	诺瓦克病毒、诺罗病毒	*Norovirus*
A02008	札如病毒	札幌病毒	*Sapovirus*
A02009	A 型肝炎病毒	甲型肝炎病毒	*Hepatitis A virus*
A02010	E 型肝炎病毒	戊型肝炎病毒	*Hepatitis E virus*
A02011	正呼肠孤病毒	肝脑脊髓炎病毒	*Orthoreovirus*
A02012	轮状病毒		*Rotavirus*
A02013	脊髓灰质炎病毒		*Poliovirus*
A03000	**真菌**		**Fungi**
A03001	酵母菌		*Yeast*
A03002	霉菌		*Mildew*
A03003	水生丝孢菌		*Aquatic hyphomycetes*
A03004	白色念珠菌	白假丝酵母菌、白念珠菌	*Candida albicans*
A04000	**藻类**		**Alga**
A04001	浮游植物细胞密度	藻细胞密度、藻细胞总数、藻细胞浓度	Phytoplankton cell density
A04002	蓝藻	蓝细菌	*Blue-green alga/Cyanophyta*
A04003	红藻		*Red alga/Rhodophyta*
A04004	隐藻		*Cryptomonad/Cryptophyta*
A04005	甲藻		*Dinoflagellate/Dinophyta*
A04006	金藻		*Chrysophyte/Chrysophyta*
A04007	黄藻		*Yellow-green alga/Xanthophyta*
A04008	硅藻		*Diatom/Bacillariophyta*
A04009	褐藻		*Brown alga/Phaeophyta*
A04010	绿藻		*Green alga/Chlorophyta*
A04011	轮藻		*Stonewort/Charophyta/Charophyta*
A04012	裸藻		*Euglenoid/Euglenophyta*
A04013	其他藻类		Other alga
A05000	**原生动物**		**Protozoa**
A05001	贾第鞭毛虫	肠贾第虫	*Giardia intestinalis*
A05002	蓝氏贾第鞭毛虫		*Giardia lamblia*
A05003	隐孢子虫		*Cryptosporidium*
A05004	环孢子虫		*Cyclospora cayetanensis*
A05005	棘阿米巴原虫		*Acanthamoeba*

代码	指标名称	别名	英文/拉丁文
A05006	结肠小袋纤毛虫	结肠小袋虫	*Balantidium coli*
A05007	人芽囊原虫		*Blastocystis hominis*
A05008	溶组织内阿米巴	痢疾阿米巴	*Entamoeba histolytica*
A05009	贝氏等孢球虫		*Isospora belli*
A05010	微孢子虫		*Microsporidia*
A05011	福氏耐格里阿米巴		*Naegleria fowleri*
A05012	刚地弓形虫		*Toxoplasma gondii*
A06000	**蠕虫(寄生虫)**		**Helminths**
A06001	麦地那龙线虫		*Dracunculus medinensis*
A06002	片形吸虫		*Fasciola*
A06003	线虫		*Free-living nematode*
A06004	血吸虫		*Schistosoma*
A07000	**其他生物指标**		**Other Biological Index**
A07001	生物量		Biomass
A07002	叶绿素		Chlorophyll
A07003	叶绿素 a		Chlorophyll-a
A07004	浮游动物密度		Zooplankton density
A07005	轮虫		*Rotifer*
A07006	枝角类		*Cladoceras*
A07007	桡足类		*Copepods*
A07008	水生昆虫		Aquatic insect

6.4.3　感官性状与综合指标（表 6-71）

感官性状与综合指标代码　　　　　　　　　　　　表 6-71

代码	指标名称	别名	英文
B00000	**感官性状与综合指标**		**Sensory properties and synthetical index**
B01000	**感官性状指标**		**Sensory properties index**
B01001	色度	色	Colour[英]/ Color[美]
B01002	浑浊度	浊度	Turbidity
B01003	臭和味		Taste and odour[英]/ Odor[美]
B01004	肉眼可见物		Megascopic matters
B01005	水温		Temperature
B01006	透明度		Transparency
B02000	**综合指标**		**Synthetical index**

续表

代码	指标名称	别名	英文
B02001	pH		pH
B02002	溶解性总固体(TDS)	可滤残渣	Total dissolved solids
B02003	悬浮物	不可滤残渣	Suspended solids
B02004	总残渣	总固体	Total residue
B02005	总硬度(以 $CaCO_3$ 计)		Hardness
B02006	高锰酸盐指数	高锰酸盐指数	Oxygen consumption，Permanganate index
B02007	挥发酚		Volatile phenol
B02008	阴离子合成洗涤剂	阴离子表面活性剂	Anion synthetic detergents
B02009	石油类(总量)		Petroleum oils
B02010	矿物油		Mineral oil
B02011	动植物油		Animal and vegetable oil
B02012	总有机碳(TOC)		Total organic carbon
B02013	溶解性总有机碳(DOC)		Dissolved total organic carbon
B02014	可同化有机碳(AOC)		Assimilable organic carbon
B02015	溶解氧(DO)		Dissolved oxygen
B02016	腐蚀性		Corrosivity
B02017	发泡剂		Foaming agents
B02018	电导率		Conductivity
B02019	化学需氧量(COD_{Cr})		Chemical oxygen demand
B02020	五日生化需氧量(BOD_5)		Biochemical oxygen demand after 5 days
B02021	总磷		Total phosphorus
B02022	总氮		Total nitrogen
B02023	凯氏氮		Kjeldahl nitrogen
B02024	有机氮		Organic nitrogen
B02025	UV_{254}		UV_{254}
B02026	UV_{260}		UV_{260}
B02027	总酸度		Total Acidity
B02028	总碱度		Total Alkalinity
B02029	二氧化碳		Carbon dioxide
B02030	游离二氧化碳		Free carbon dioxide
B02031	侵蚀性二氧化碳		Corrosive carbon dioxide
B02032	活性氯		Active chlorine
B02033	有色可溶性有机物(CDOM)		Colored dissolved organic matter
B02034	生物综合毒性(鱼类)		Bio synthetic toxicity(fish)

代码	指标名称	别名	英文
B02035	生物综合毒性(发光细菌)		Biosynthetic toxicity(luminescent bacteria)
B02036	致突变性(Ames 试验)	细菌回复突变试验、鼠伤寒沙门氏菌回复突变试验	Mutagenicity(Ames test)
B02037	遗传毒性(SOS/UMU 试验)		Genotoxicity(SOS/UMU test)

6.4.4 金属与无机非金属指标（表 6-72）

金属与无机非金属指标代码　　　　　　　　表 6-72

代码	指标名称	别名	英文
C00000	**金属与无机非金属指标**		**Metal And Inorganic Nonmetal Index**
C01000	**金属**		**Metal**
C01001	总镉		Cadmium（total）
C01002	镉		Cadmium
C01003	总铬		Chromium
C01004	铬(六价)		Chromium(VI)
C01005	总铅		Lead（total）
C01006	铅		Lead
C01007	总汞		Mercury(total)
C01008	无机汞		Inorganic mercury
C01009	总硒		Selenium（total）
C01010	硒		Selenium
C01011	锑		Antimony
C01012	钡		Barium
C01013	总铍		Beryllium(total)
C01014	铍		Beryllium
C01015	钼		Molybdenum
C01016	总镍		Nickel(total)
C01017	镍		Nickel
C01018	总银		Silver（total）
C01019	银		Silver
C01020	铊		Thallium
C01021	铝		Aluminum
C01022	总铁		Iron(total)
C01023	铁		Iron
C01024	溶解性铁		Resolvable iron

代码	指标名称	别名	英文
C01025	总锰		Manganese (total)
C01026	锰		Manganese
C01027	总铜		Copper(total)
C01028	铜		Copper
C01029	总锌		Zinc (total)
C01030	锌		Zinc
C01031	钠		Sodium
C01032	锂		Lithium
C01033	锶		Strontium
C01034	总砷		Arsenic (total)
C01035	砷		Arsenic
C01036	钴		Cobalt
C01037	钛		Titanium
C01038	钒		Vanadium
C01039	锡		Stannum
C01040	钨		Tungsten
C01041	钾		Potassium
C01042	钙		Calcium
C01043	镁		Magnesium
C01044	烷基汞		Mercury alkyl
C01045	甲基汞		Methyl mercury
C01046	四乙基铅		Tetraethyl lead
C01047	氯化乙基汞		Ethylmercurry chloride
C01048	二烃基锡		Dialkyltin
C01049	三丁基氧化锡		Tributyltin oxide
C01050	一丁基锡（MBT）	单丁基锡	Monobutyltin
C01051	二丁基锡（DBT）		Dibutyltin
C01052	三丁基锡（TBT）		Tributyltin
C01053	三苯基锡（TPT）		Triphenyltin
C01054	一甲基锡（MMT）	单甲基锡	Monomethyltin
C01055	二甲基锡（DMT）		Dimethyltin
C02000	**无机非金属**		**Inorganic Nonmetal**
C02001	氰化物		Cyanide
C02002	总氰化物		Total cyanide
C02003	氟化物		Fluoride

续表

代码	指标名称	别名	英文
C02004	氯化物		Chloride
C02005	溴化物		Bromide
C02006	碘化物		Iodide
C02007	硫化物		Sulfide
C02008	硝酸盐(以 N 计)		Nitrate
C02009	亚硝酸盐		Nitrite
C02010	重碳酸盐		Bicarbonate
C02011	碳酸盐		Carbonate
C02012	硫酸盐		Sulfate
C02013	硼酸盐		Borate
C02014	硼		Boron
C02015	硅		Silicon
C02016	二氧化硅		Silicon dioxide
C02017	偏硅酸		Metasilicic acid
C02018	二硫化碳		Carbon disulfide
C02019	石棉		Asbestos
C02020	氨氮(以 N 计)		Ammonia nitrogen
C02021	非离子氨		Non-ionic ammonia
C02022	黄磷		Yellow phosphorus
C02023	高氯酸盐		Perchlorate
C02024	硫化氢		Hydrogen sulfide

6.4.5　有机物指标（表 6-73）

有机物指标代码　　　　　　　　　　　　　　　　　　　　　　表 6-73

代码	指标名称	别名	英文
D00000	**有机物指标**		**Organic Index**
D01000	**农药**		**Pesticide**
D01001	马拉硫磷		Malathion
D01002	七氯		Heptachlor
D01003	五氯酚(PCP)	五氯苯酚	Pentachlorophenol
D01004	六氯苯		Hexachlorobenzene
D01005	六六六(BHC)	六氯环乙烷	Benzene hexachloride
D01006	α-六六六	甲体六六六	Alpha-BHC
D01007	β-六六六	乙体六六六	Beta-BHC

续表

代码	指标名称	别名	英文
D01008	γ-六六六	林丹、丙体六六六	Gamma-BHC、Lindane
D01009	δ-六六六	丁体六六六	Delta-BHC
D01010	乐果		Dimethoate
D01011	对硫磷		Parathion
D01012	灭草松	噻草平、苯达松、排草丹、百草克、本达隆、3-异丙基-(1H)-苯骈-2,1,3-噻二嗪-4-酮-2,2-二氧化物	Bentazone
D01013	甲基对硫磷		Methyl Parathion
D01014	百菌清		Chlorothalonil
D01015	除草醚		Nitrofen
D01016	甲草胺	草不绿	Alachlor
D01017	叶枯唑		Bismerthiazol
D01018	吡啶		Pyridine
D01019	水合肼		Hydrazine hydrate
D01020	呋喃丹	卡巴呋喃、克百威	Carbofuran
D01021	毒死蜱		Chlorpyrifos
D01022	草甘膦		Glyphosate
D01023	敌敌畏		Dichlorvos
D01024	莠去津	阿特拉津	Atrazine
D01025	溴氰菊酯		Deltamethrin
D01026	滴滴涕（DDT）	二氯二苯三氯乙烷	Dichloro-diphenyl-trichloroethane
D01027	o,p′-滴滴涕		o,p′-DDT
D01028	p,p′-滴滴伊		p,p′-DDE
D01029	p,p′-滴滴滴		p,p′-DDD
D01030	p,p′-滴滴涕		p,p′-DDT
D01031	环氧七氯	七氯环氧化物	Heptachlor epoxide
D01032	敌百虫		Trichlorfon
D01033	内吸磷		Demeton
D01034	甲萘威	N-甲基-1-萘基氨基甲酸酯（西维因，甲萘威）	Carbaryl
D01035	甲胺磷		Methamidophos
D01036	茅草枯	2,2-二氯丙酸、达拉朋	Dalapon
D01037	地乐酚	狄乐芬	Dinoseb
D01038	敌草快	杀草快	Diquat
D01039	草藻灭		Endothal

续表

代码	指标名称	别名	英文
D01040	艾氏剂		Aldrin
D01041	狄氏剂		Dieldrin
D01042	异狄氏剂		Endrin
D01043	熏杀环	1-氯-2,3 环氧丙烷	1-chloro-2,3-epoxypropane
D01044	甲氧滴滴涕	甲氧氯	Methoxychlor
D01045	草氨酰	氨基乙二酰	Oxamyl
D01046	毒莠定		Picloram
D01047	西玛津	西玛三嗪	Simazine
D01048	滴灭威	涕灭威	Aldicarb
D01049	羰呋喃	羰基呋喃	Carbonyl furan
D01050	绿麦隆		Chlorotoluron
D01051	1,2-二溴-3-氯丙烷		1,2-dibromo-3-chloropropane
D01052	2,4-滴	2,4-D、2,4-二氯苯氧乙酸、2,4-二氯苯氧基乙酸	2,4-dichlorophenoxyacetic acid
D01053	1,2-二氯丙烷		1,2-Dichloropropane
D01054	1,3-二氯丙烷		1,3-Dichloropropane
D01055	(顺-,反-)1,3-二氯丙烯	1,3-二氯丙烯	1,3-Dichloropropene
D01056	异丙隆		Isoproturon
D01057	2-甲-4-氯苯氧基乙酸(MCPA)	2-甲基-4-氯苯氧乙酸	2-Methyl-4-chlorophenoxy acetic acid；Acetic acid,（4-chloro-2-methylphenoxy)-
D01058	甲氧氯		Methoxychlor
D01059	丙草胺		Pretilachlor
D01060	草达灭	禾草特、环草丹	Molinate
D01061	二甲戊乐灵		Pendimethalin
D01062	二氯苯醚菊酯		Permethrim
D01063	丙酸缩苯胺	敌稗	Propanil
D01064	达草止		Pyridate
D01065	氟乐灵		Trifluralin
D01066	氯苯氧基除草剂(不包括 2,4-D 和 MCPA)		Chlorophenoxy herbicide
D01067	2,4-滴丁酯	丁基-2,4 二氯酚羟基醋酸、2,4-DB	4-(2、4-Dichlorophenoxy)butyric acid
D01068	高 2,4-滴丙酸		Dichlorprop
D01069	二氯丙酸		Dichloropropionic acid
D01070	2,4,5-涕丙酸	三氯苯氧丙酸	Fenoprop

续表

代码	指标名称	别名	英文
D01071	2-甲-4-氯丁酸	MCPB	4-(4-chloro-*o*-tolyloxy)butyric acid
D01072	2-甲-4-氯丙酸	2-甲基-4-氯丙酸	Mecoprop-P
D01073	2,4,5-涕	2,4,5-三氯苯氧基乙酸、2,4,5-T	2,4,5-Trichlorophenoxyacetic acid
D01074	有机磷农药(以 P 计)		Organophosphorus pesticide
D01075	甲氧毒草安	异丙甲草胺	Metolachlor
D01076	氯丹		Chlordane
D01077	特丁津		Terbuthylazine
D01078	羟基莠去津		Hydroxyatrazine
D01079	二溴乙烯		Ethylene dibromide
D01080	丙烯醛		Acrolein
D01081	异佛尔酮		Isophorone
D01082	毒杀芬		Toxaphene
D01083	灭蚁灵		Mirex
D01084	十氯酮	开蓬	Chlordecone
D01085	仲丁威(BPMC)		Fenobucarb
D01086	乙草胺		Acetochlor
D01087	丁草胺		Butachlor
D02000	**挥发性有机物**		**Volatile Organic Compounds**
D02001	四氯化碳	四氯甲烷	Carbon tetrachloride
D02002	氯乙烷	一氯乙烷	Chloroethane
D02003	1,1-二氯乙烷		1,1-Dichloroethane
D02004	1,2-二氯乙烷		1,2-Dichlroethane
D02005	1,1,1-三氯乙烷		1,1,1-Trichloroethane
D02006	1,1,2-三氯乙烷		1,1,2-Trichloroethane
D02007	1,1,1,2-四氯乙烷	偏四氯乙烷、不对称四氯乙烷	1,1,1,2-Tetrachloroethane
D02008	1,1,2,2-四氯乙烷	对称四氯乙烷	1,1,2,2-Tetrachloroethane
D02009	六氯乙烷	六氯化碳	Hexachloroethane
D02010	1,4-二氧杂环己烷	1,4-二噁烷、1,4-二氧六环、二恶烷、对二恶烷、	1,4-Dioxane
D02011	1,2,3-三氯丙烷		1,2,3-Trichloropropane
D02012	五氯丙烷		Pentachloropropane
D02013	环氧氯丙烷	表氯醇	Epichlorohydrin
D02014	氯甲烷	一氯甲烷、甲基氯	Chloromethane(Methyl chloride)
D02015	一溴一氯甲烷	溴氯甲烷	Bromochloromethane

续表

代码	指标名称	别名	英文
D02016	一溴甲烷	甲基溴、溴化甲烷	Bromomethane
D02017	二溴甲烷		Dibromomethane
D02018	1,2-二溴乙烷		1,2-Dibromoethane
D02019	二氯二氟甲烷	氟利昂-12	Dichlorodifluoromethane
D02020	三氯一氟甲烷	氟三氯甲烷	Trichlorfuluromethane
D02021	氯丁二烯		Chloroprene
D02022	六氯丁二烯		Hexachlorobutadiene
D02023	氯乙烯	氯化乙烯	Vinyl chloride
D02024	1,1-二氯乙烯		1,1-Dichlroethene
D02025	1,2-二氯乙烯		1,2-Dichloroethylene
D02026	顺-1,2-二氯乙烯		cis-1,2-Dichloroethylene
D02027	反-1,2-二氯乙烯		trans-1,2-Dichloroethylene
D02028	三氯乙烯		Trichloroethene
D02029	四氯乙烯		Tetrachloroethene
D02030	苯乙烯		Styrene
D02031	1,1-二氯丙烯		1,1-Dichloropropene
D02032	乙腈	甲基腈	Acetonitrile
D02033	丁烯腈-[2]		2-Butenenitrile
D02034	丙烯腈		Acrylonitrile
D02035	丙烯酸		Acrylic acid
D02036	苯		Benzene
D02037	甲苯		Toluene
D02038	二甲苯(指对、间、邻二甲苯)		Dimethylbenzene
D02039	1,4-二甲苯	对-二甲苯	p-Xylene
D02040	1,3-二甲苯	间-二甲苯	m-Xylene
D02041	1,2-二甲苯	邻-二甲苯	o-Xylene
D02042	对-异丙基甲苯	4-异丙基甲苯、对伞花烃、对异丙基苯	p-Isopropyltoluene
D02043	(1,2,4-,1,3,5-)三甲基苯		(1,2,4-,1,3,5-)Trimethylbenzene
D02044	乙苯		Ethylbenzene
D02045	异丙苯		Isopropylbenzene
D02046	正-丙苯	丙苯	N-propylbenzene
D02047	(正-,仲-,叔-)丁苯		(n-,sec-,tert-)Butylbenzene
D02048	氯甲基苯		Chlorotoluene
D02049	溴苯		Bromobenzene

续表

代码	指标名称	别名	英文
D02050	土臭素	二甲基萘烷醇	Geosmin
D02051	甲基异莰醇-2	二甲基异茨醇、二甲基异冰片	Methylisoborneol-2
D02052	苯甲醚		Anisole
D02053	甲基叔丁基醚		Methyl t-butyl ehter
D02054	二(2-氯异丙基)醚	双(2-氯异丙基)醚	2,2-Dichloroisopropyl ether
D02055	呋喃		Furan
D03000	**半挥发性有机物**		**Semi-volatile Organic Compounds**
D03001	氯苯	一氯苯	Chlorobenzene
D03002	1,2-二氯苯	邻二氯苯	1,2-Dichlorobenzene
D03003	1,4-二氯苯	对二氯苯	1,4-Dichlorobenzene
D03004	1,3-二氯苯	间二氯苯	1,3-Dichlorobenzene
D03005	三氯苯（总量，指 1,2,3-三氯苯、1,2,4-三氯苯、1,3,5-三氯苯）		Trichlorobenzene(total)
D03006	1,2,3-三氯苯		1,2,3-Trichlorobenzene
D03007	1,2,4-三氯苯		1,2,4-Trichlorobenzene
D03008	1,3,5-三氯苯		1,3,5-Trichlorobenzene
D03009	四氯苯（指：1,2,3,4-四氯苯、1,2,3,5-四氯苯、1,2,4,5-四氯苯）		Tetrachlorobenzene
D03010	1,2,3,4-四氯苯		1,2,3,4-Tetrachlorobenzene
D03011	1,2,3,5-四氯苯		1,2,3,5-Tetrachlorobenzene
D03012	1,2,4,5-四氯苯		1,2,4,5-Tetrachlorobenzene
D03013	五氯苯		Pentachlorobenzene
D03014	总硝基化合物		Total nitrocompounds
D03015	硝基苯		Nitrobenzene
D03016	二硝基苯（指对-、间-、邻-二硝基苯）		Dinitrobenzene
D03017	1,4-二硝基苯	对-二硝基苯	1,4-Dinitrobenzene
D03018	1,3-二硝基苯	间-二硝基苯	1,3-Dinitrobenzene
D03019	1,2-二硝基苯	邻-二硝基苯	1,2-Dinitrobenzene
D03020	硝基氯苯（指对-、间-、邻-硝基氯苯）		Chloronitrobenzene
D03021	4-硝基氯苯	对硝基氯苯	p-Chloronitrobenzene
D03022	3-硝基氯苯	间硝基氯苯	m-Nitrochlorobenzene
D03023	2-硝基氯苯	邻硝基氯苯	o-Chloronitrobenzene

续表

代码	指标名称	别名	英文
D03024	二硝基氯苯		Dinitrochlorobenzene
D03025	2,4-二硝基氯苯		2,4-Dinitrochlorobenzene
D03026	2,4-二硝基甲苯	一硝基化合物和二硝基化合物	2,4-Dinitrotoluene
D03027	2,6-二硝基甲苯		2,6-Dinitrotoluene
D03028	三硝基甲苯		Trinitrotoluene
D03029	2,4,6-三硝基甲苯	三硝基化合物、梯恩梯	2,4,6-Trinitromethylbenzene
D03030	2-硝基甲苯	邻硝基甲苯	2-Nitrotoluene
D03031	4-硝基甲苯	对硝基甲苯	4-Nitrotoluene
D03032	多氯联苯(指 PCB-1016、PCB-1221、PCB-1232、PCB-1242、PCB-1248、PCB-1254、PCB-1260)		Polychlorinated biphenyls，PCBs
D03033	PCB-1016		Polychlorinated biphenyls-1016
D03034	PCB-1221		Polychlorinated biphenyls-1221
D03035	PCB-1232		Polychlorinated biphenyls-1232
D03036	PCB-1242		Polychlorinated biphenyls-1242
D03037	PCB-1248		Polychlorinated biphenyls-1248
D03038	PCB-1254		Polychlorinated biphenyls-1254
D03039	PCB-1260		Polychlorinated biphenyls-1260
D03040	邻苯二甲酸二甲酯	酞酸二甲酯	Dimethyl phthalate
D03041	邻苯二甲酸二乙酯		Diethyl phthalate
D03042	邻苯二甲酸二丁酯	酞酸二丁酯、酞酸二正丁酯	Dibutyl phthalate
D03043	邻苯二甲酸二辛酯	酞酸二辛酯、酞酸二正辛酯	Di(sec-octyl) phthalate
D03044	邻苯二甲酸二(2-乙基己基)酯	二(2-乙基己基)邻苯甲酸酯、邻苯二甲酸二辛酯	Bis(2-ethylhexyl)phthalate
D03045	二(2-乙基己基)己二酸酯(DOA)	己二酸二(2-乙基己基)酯	Di(2-ethylhexyl)adipate
D03046	三乙胺		Triethylamine
D03047	己内酰胺		Caprolactam
D03048	苯胺		Aniline
D03049	二硝基苯胺		Dinitroaniline
D03050	对硝基苯胺		p-Nitroaniline
D03051	2,6-二氯硝基苯胺		2,6-Dichloronitroaniline
D03052	1,2-苯二胺	邻苯二胺	1,2-Diaminobenzene
D03053	4,4′-二氨基联苯	联苯胺	Benzidine
D03054	丙烯酰胺		Acrylamide

代码	指标名称	别名	英文
D03055	酚类（总量）		Phenolic（total）
D03056	4-硝基酚	对硝基酚、对硝基苯酚	p-Nitrophenol
D03057	3-硝基酚	间硝基酚、间硝基苯酚	m-Nitrophenol
D03058	间甲酚	3-甲酚、甲基苯酚	3-Methylphenol
D03059	苯酚		Phenol
D03060	苦味酸	2,4,6-三硝基苯酚	2,4,6-Trinitrophenol；Picric acid
D03061	多环芳烃（总量）（包括苯并(a)芘、苯并(g,h,i)芘、苯并(b)荧蒽、苯并(k)荧蒽、荧蒽、茚并(1,2,3-c,d)芘）		Polycyclic aromatic hydrocarbons
D03062	苯并(a)芘		Benzoapyrene
D03063	苯并(b)荧蒽		Benzo[b]fluorathene
D03064	苯并(k)荧蒽		Benzo[k]fluorathene
D03065	茚并(1,2,3-c,d)芘		Indeno(1,2,3-cd)pyrene
D03066	苯并(g,h,i)芘		Benzo[ghi]perylene
D03067	荧蒽		Fluoranthene
D03068	二苯并(a,h)芘		Benzo(a,H)pyrene
D03069	苯并(a)蒽		Benzo (a)anthracene
D03070	芘		Pyrene
D03071	䓛		Chrysene
D03072	萘		Naphthalene
D03073	菲		Phenanthrene
D03074	蒽		Anthracene
D03075	苊		Acenaphthene
D03076	松节油		Turpentine
D03077	六氯环戊二烯		Hexachlorocyclopentadiene
D03078	磷酸三乙酯（TEP）	三乙基磷酸酯、三乙磷酸酯、三乙氧基磷	Triethyl phosphate
D04000	**药品与个人护理用品**		**Pharmaceuticals And Personal Care Products**
D04001	雌二醇（E2）	β-雌二醇、17β-雌二醇	Estradiol
D04002	乙炔基雌二醇（EE2）	炔雌醇、乙炔雌二醇、17α-乙炔基雌二醇、17-乙炔雌二醇、乙炔二羟基雌素酮	Ethinylestradiol
D04003	雌三醇（E3）	16,17-二羟甾醇	Estriol
D04004	雌酮（E1）	雌(甾)酮；雌酚酮	Estrone
D04005	己烯雌酚（DES）	乙芪酚、乙烯雌酚、己烷雌酚	Diethylstilbestrol

续表

代码	指标名称	别名	英文
D04006	磺胺二甲基嘧啶		Sulfamethazine
D04007	磺胺二甲氧嘧啶		Sulfadimethoxine
D04008	磺胺嘧啶		Sulfadiazine
D04009	磺胺甲基异恶唑	新诺明	Sulfamethoxazole
D04010	磺胺噻唑		Sulfathiazole
D04011	链霉素		Streptomycin
D04012	青霉素	盘尼西林	Benzylpenicillin
D04013	环丙沙星		Ciprofloxacin
D04014	氧氟沙星		Ofloxacin
D04015	诺氟沙星		Norfloxacin
D04016	四环素		Tetracycline
D04017	氯霉素		Chloramphenicol
D04018	罗红霉素		Roxithromycin
D04019	红霉素（脱水）		Erythromycin
D04020	克拉霉素		Clarithromycin
D04021	氯贝酸		Clofibric acid
D04022	苯扎贝特		Bezafibrate
D04023	布洛芬		Ibuprofen
D04024	萘普生		Naproxen
D04025	酮洛芬		Ketoprofen
D04026	双氯芬酸		Diclofenac
D04027	阿司匹林		Acetylsalicylic acid
D04028	水杨酸		Salicylic acid
D04029	加乐麝香	佳乐麝香	Galaxolide
D04030	吐纳麝香		Tonalide
D04031	三氯生	二氯苯氧氯酚、"三氯新"、"三氯沙"、"2,4,4'-三氯-2'-羟基二苯醚"	Triclosan
D04032	三氯卡班		Triclocarban
D04033	碘普罗胺		Iopromide
D05000	**其他有机物**		**Other Organic Compounds**
D05001	微囊藻毒素-LR		Microcystin-LR
D05002	丁基黄原酸		N-butyl xanthate
D05003	二噁英(2,3,7,8-TCDD)	四氯二苯并对二噁英	Dioxin (2,3,7,8-Tetrachlorodibenzo-p-dioxin)
D05004	双酚 A(BPA)		Bisphenol A

续表

代码	指标名称	别名	英文
D05005	戊二醛		Glutaraldehyde
D05006	环烷酸		Naphthenic acid
D05007	β-萘酚		β-Naphthol
D05008	α-萘酚		α-Naphthol
D05009	次氨基三乙酸(NTA)	次氮基三乙酸	Nitrilotriacetic acid
D05010	乙二胺四乙酸(EDTA)		Edetic acid
D05011	甲硫醇		Methyl mercaptan;methanethiol
D05012	甲硫醚	二甲基硫	Dimethyl sulfide
D05013	二甲基二硫醚		Dimethyl disulfide
D05014	二甲基三硫醚		Dimethyl trisulfide
D05015	二甲基四硫醚		Dimethyl tetrasulphid
D05016	环辛硫		Cyclooctasulfur
D05017	β-环柠檬醛		β-Cyclocitral
D05018	己醛		N-Hexaldehyde
D05019	辛醛		Octanal
D05020	辛酮		Octanone
D05021	环己酮		Cyclohexanone
D05022	吲哚		Indole
D05023	可吸附有机卤化物		Adsorbable organic halogens
D05024	硫氰酸盐		Thiocyanate thiocyanide
D05025	烷基磺酸钠		Sodium alkane sulfonate
D05026	烷基苯磺酸钠		Sodium alkyl benezene sulfonate
D05027	十二烷基苯磺酸盐		Dodecyl benzene sulfonate
D05028	对氯苯磺酸钠		Sodium 4-chlorobenzene sulfonate
D05029	烷基硫酸盐		Alkyl sulphate
D05030	三氯乙酸钠		Sodium trichloroacetate
D05031	1,3-二乙基-1,3-二苯基脲		1,3-diethyl-1,3-diphenylurea
D05032	三聚氰酸	氰尿酸、二氯乙腈尿酸盐	Cyanuric acid
D05033	全氟辛烷磺酸(PFOS)		Perfluorooctanesulfonate
D05034	全氟辛酸(PFOA)		Perfluorocaprylic acid
D05035	多溴联苯醚(PBDEs)		Polybrominated diphenyl ethers
D05036	多溴联苯(PBBs)		Polybrominated biphenyls
D05037	壬基酚(NP)	壬基苯酚	Nonylphenol
D05038	辛基酚(OP)	辛基苯酚	Octylphenol
D05039	烷基酚(AP)		Alkylphenol
D05040	烷基酚聚氧乙烯醚(APEO)		Alkylphenol ethoxylates

6.4.6　消毒剂与消毒副产物指标（表6-74）

消毒剂与消毒副产物指标代码　　　　　　　　　　　表 6-74

代码	指标名称	别名	英文
E00000	**消毒剂与消毒副产物指标**		**Disinfectants And Disinfection By-products Index**
E01000	**消毒剂**		**Disinfectants**
E01001	氯气及游离氯制剂（游离氯）	游离余氯、余氯	Residual chlorine
E01002	总氯	总余氯	Total Chlorine
E01003	臭氧		Ozone
E01004	氯胺		Chloramine
E01005	一氯胺		Monochloramine
E01006	二氯胺		Dichloramine
E01007	三氯胺		Trichloramine
E01008	二氧化氯		Chlorine dioxide
E01009	碘		Iodine
E01010	单过硫酸氢盐		Potassium monopersulfate
E02000	**消毒副产物**		**Disinfection By-products**
E02001	氯酸盐		Chlorate
E02002	亚氯酸盐		Chlorite
E02003	三卤甲烷（三氯甲烷、一氯二溴甲烷、二氯一溴甲烷、三溴甲烷的总和）		Trihalomethanes
E02004	二氯甲烷		Dichloromethane
E02005	三氯甲烷	氯仿	Trichloromethane
E02006	三溴甲烷	溴仿	Tribromomethane
E02007	一氯二溴甲烷		Dibromochloromethane
E02008	二氯一溴甲烷		Bromodichloromethane
E02009	卤代醛		Haloaldehydes
E02010	一氯乙醛		Chloroacetaldehyde
E02011	二氯乙醛		Dichloroacetaldehyde
E02012	三氯乙醛	水合氯醛、水合三氯乙醛	Trichloroacetaldehyde
E02013	甲醛		Formaldehyde
E02014	乙醛		Acetaldehyde
E02015	乙二醛		Glyoxal
E02016	甲基乙二醛		Methylglyoxal
E02017	卤乙酸（总量，包括二氯乙酸、三氯乙酸）	卤代乙酸	Haloacetic acids

代码	指标名称	别名	英文
E02018	氯乙酸(MCAA)	一氯乙酸	Chloroacetic acid
E02019	二氯乙酸(DCAA)		Dichloroacetic acid
E02020	三氯乙酸(TCAA)		Trichloroacetic acid
E02021	一溴乙酸(MBAA)		Bromoacetic acid；Monobromoacetic acid
E02022	二溴乙酸(DBAA)		Dibromoacetic acid
E02023	三溴乙酸(TBAA)		Tribromoacetic acid
E02024	一氯一溴乙酸(BCAA)	溴氯乙酸	Bromochloroacetic acid
E02025	一溴二氯乙酸(BDCAA)		Bromodichloroacetic acid
E02026	二溴一氯乙酸(DBCAA)		Dibromochloroacetic acid
E02027	氯化氰		Cyanogen chloride
E02028	卤代酚		Halophenols
E02029	氯酚(总量,包括 2-氯酚、2,4-二氯酚、2,4,6-三氯酚,不包括农药五氯酚)		Chlorophenols(total)
E02030	2-氯酚	2-氯苯酚	2-Chlorophenol
E02031	3-氯酚		3-Chlorophenol
E02032	2,4-二氯酚	2,4-二氯苯酚	2,4-Dichlorophenol
E02033	2,6-二氯酚		2,6-Dichlorophenol
E02034	2,3,4-三氯酚		2,3,4-Trichlorophenol
E02035	2,4,6-三氯酚	2,4,6-三氯苯酚	2,4,6-Trichlorophenol
E02036	溴酸盐		Bromate
E02037	卤代酮	卤化酮	Halogenated ketones
E02038	氯丙酮(类)		Chloroacetones
E02039	1,1-二氯-2-丙酮	1,1-二氯丙酮	1,1-Dichloro-2-propanone
E02040	1,1,1-三氯丙酮	1,1,1-三氯-2-丙酮	1,1,1-Trichloroacetone(1,1,1-Trichloro-2-propanone)
E02041	1,1,3-三氯丙酮		1,1,3-Trichloroacetone
E02042	1,1,3,3-四氯丙酮		1,1,3,3-Tetrachloroacetone
E02043	五氯丙酮		Penthaloacetone
E02044	六氯丙酮		Hexachloroacetone
E02045	卤乙腈	卤代乙腈	Haloacetonitriles
E02046	氯乙腈		Chloroacetonitrile
E02047	二氯乙腈		Dichloroacetonitrile
E02048	三氯乙腈		Trichloroacetonitrile
E02049	二溴乙腈		Dibromoacetonitrile
E02050	氯溴乙腈	溴氯乙腈	Bromochloroacetonitrile

续表

代码	指标名称	别名	英文
E02051	卤代硝基甲烷		Halonitromethanes
E02052	三氯硝基甲烷	氯化苦	Chloropicrin
E02053	N-亚硝基二甲胺（NDMA）		N-Nitrosodimethylamine
E02054	N-亚硝基甲基乙基胺（NMEA）		N-nitrosomethylethylamine
E02055	N-亚硝基二乙基胺（NDEA）		N-nitrosodiethylamine
E02056	N-亚硝基二丙基胺（NDPA）		N-nitroso-di-n-propylamine
E02057	N-亚硝基二丁基胺（NDBA）		N-nitroso-di-n-butylamine
E02058	N-亚硝基吡咯烷（NPRY）		N-nitrosopyrrolidine
E02059	N-亚硝基吗啉（NMOR）		N-nitrosomorpholine
E02060	N-亚硝基哌啶（NPIP）		N-nitrosopiperidine
E02061	N-亚硝基二苯胺（NDPHA）		N-nitroso-di-phenylamine
E02062	3-氯-4-二氯甲基-5-羟基-2(5H)-呋喃酮（MX）	致诱变化合物	3-Chloro-4-dichloromethyl-5-hydroxy-2(5H)-furanone
E02063	三卤甲烷生成势		Formation potential of trihalomethanes
E02064	卤乙酸生成势		Formation potential of haloacetic acids
E02065	其他消毒副产物生成势		Formation potential of other disinfection by-products

6.4.7　放射性指标（表 6-75）

放射性指标代码

表 6-75

代码	指标名称	别名	英文
F00000	**放射性指标**		**RadioactiveIndex**
F01000	**放射性**		**Radioactivity**
F01001	总 α 放射性		Gross alpha particle activity
F01002	总 β 放射性		Gross beta particle activity
F01003	总 γ 放射性		Gross gamma particle activity
F02000	**核素**		**Nuclide**
F02001	铀		Uranium
F02002	氚		Tritium
F02003	总指示用量		Totalindicated amount
F02004	226 镭、228 镭放射性		Radium 226 and Radium 228
F02005	人工放射性核素碘-131		Artificial radionuclides iodine-131
F02006	铯		Cesium

6.5 水质数据 XML 接口说明

6.5.1 水质月（年）报数据接口

6.5.1.1 MonthReportDataSet. xsd

```
<? xml version="1.0" encoding="utf-8"? >
<xs:schema id="MonthReportDataSet"
targetNamespace="http://tempuri.org/MonthReportDataSet.xsd"
xmlns:mstns="http://tempuri.org/MonthReportDataSet.xsd"
xmlns="http://tempuri.org/MonthReportDataSet.xsd"
xmlns:xs="http://www.w3.org/2001/XMLSchema" xmlns:msdata="urn:schemas-
microsoft-com:xml-msdata" xmlns:msprop="urn:schemas-microsoft-com:xml-msprop"
attributeFormDefault="qualified" elementFormDefault="qualified">
    <xs:element name="MonthReportDataSet" msdata:IsDataSet="true"
msdata:UseCurrentLocale="true" msprop:Generator_UserDSName="MonthReportData-
Set"
msprop:Generator_DataSetName="MonthReportDataSet"
msprop:EnableTableAdapterManager="true">
    <xs:complexType>
      <xs:choice minOccurs="0" maxOccurs="unbounded">
        <xs:element name="WaterData" msprop:Generator_UserTableName="WaterData"
msprop:Generator_TableClassName="WaterDataDataTable"
msprop:Generator_RowClassName="WaterDataRow"
msprop:Generator_TablePropName="WaterData"
msprop:Generator_TableVarName="tableWaterData">
          <xs:complexType>
            <xs:sequence>
              <xs:element name="WaterSampleNum"
msprop:Generator_UserColumnName="WaterSampleNum"
msprop:Generator_ColumnPropNameInRow="WaterSampleNum"
msprop:Generator_ColumnVarNameInTable="columnWaterSampleNum"
msprop:Generator_ColumnPropNameInTable="WaterSampleNumColumn" minOccurs="0">
                <xs:simpleType>
                  <xs:restriction base="xs:string">
                    <xs:maxLength value="50" />
```

```
        </xs:restriction>
      </xs:simpleType>
    </xs:element>
    <xs:element name="GuideLineSerial" msdata:Caption="guideLineSerial"
msprop:Generator_UserColumnName="GuideLineSerial"
msprop:Generator_ColumnPropNameInRow="GuideLineSerial"
msprop:Generator_ColumnVarNameInTable="columnGuideLineSerial"
msprop:Generator_ColumnPropNameInTable="GuideLineSerialColumn" minOccurs="0">
        <xs:simpleType>
          <xs:restriction base="xs:string">
            <xs:maxLength value="4" />
          </xs:restriction>
        </xs:simpleType>
    </xs:element>
    <xs:element name="GuideLineName" msdata:Caption="guideLineName"
msprop:Generator_UserColumnName="GuideLineName"
msprop:Generator_ColumnPropNameInRow="GuideLineName"
msprop:Generator_ColumnVarNameInTable="columnGuideLineName"
msprop:Generator_ColumnPropNameInTable="GuideLineNameColumn" minOccurs="0">
        <xs:simpleType>
          <xs:restriction base="xs:string">
            <xs:maxLength value="50" />
          </xs:restriction>
        </xs:simpleType>
    </xs:element>
    <xs:element name="GuideData" msdata:Caption="guideData"
msprop:Generator_UserColumnName="GuideData"
msprop:Generator_ColumnPropNameInRow="GuideData"
msprop:Generator_ColumnVarNameInTable="columnGuideData"
msprop:Generator_ColumnPropNameInTable="GuideDataColumn" minOccurs="0">
        <xs:simpleType>
          <xs:restriction base="xs:string">
            <xs:maxLength value="50" />
          </xs:restriction>
        </xs:simpleType>
    </xs:element>
```

```xml
        </xs:sequence>
      </xs:complexType>
    </xs:element>
    <xs:element name="WaterDataSampleInfo"
msprop:Generator_UserTableName="WaterDataSampleInfo"
msprop:Generator_TableClassName="WaterDataSampleInfoDataTable"
msprop:Generator_RowClassName="WaterDataSampleInfoRow"
msprop:Generator_TablePropName="WaterDataSampleInfo"
msprop:Generator_TableVarName="tableWaterDataSampleInfo">
        <xs:complexType>
          <xs:sequence>
          <xs:element name="WaterSampleNum"
msprop:Generator_UserColumnName="WaterSampleNum"
msprop:Generator_ColumnPropNameInRow="WaterSampleNum"
msprop:Generator_ColumnVarNameInTable="columnWaterSampleNum"
msprop:Generator_ColumnPropNameInTable="WaterSampleNumColumn">
          <xs:simpleType>
            <xs:restriction base="xs:string">
              <xs:maxLength value="50" />
                </xs:restriction>
              </xs:simpleType>
            </xs:element>
            <xs:element name="StructID" msprop:Generator_UserColumnName="StructID"
msprop:Generator_ColumnPropNameInRow="StructID"
msprop:Generator_ColumnVarNameInTable="columnStructID"
msprop:Generator_ColumnPropNameInTable="StructIDColumn" minOccurs="0">
          <xs:simpleType>
            <xs:restriction base="xs:string">
              <xs:maxLength value="30" />
            </xs:restriction>
          </xs:simpleType>
        </xs:element>
        <xs:element name="SamplingPlace"
msprop:Generator_UserColumnName="SamplingPlace"
msprop:Generator_ColumnPropNameInRow="SamplingPlace"
msprop:Generator_ColumnVarNameInTable="columnSamplingPlace"
```

```
msprop:Generator_ColumnPropNameInTable="SamplingPlaceColumn" minOccurs="0">
        <xs:simpleType>
          <xs:restriction base="xs:string">
            <xs:maxLength value="50" />
          </xs:restriction>
        </xs:simpleType>
      </xs:element>
      <xs:element name="WaterSampleType"
msprop:Generator_UserColumnName="WaterSampleType"
msprop:Generator_ColumnPropNameInRow="WaterSampleType"
msprop:Generator_ColumnVarNameInTable="columnWaterSampleType"
msprop:Generator_ColumnPropNameInTable="WaterSampleTypeColumn" minOccurs="0">
        <xs:simpleType>
          <xs:restriction base="xs:string">
            <xs:maxLength value="50" />
          </xs:restriction>
        </xs:simpleType>
      </xs:element>
      <xs:element name="Environment"
msprop:Generator_UserColumnName="Environment"
msprop:Generator_ColumnPropNameInRow="Environment"
msprop:Generator_ColumnVarNameInTable="columnEnvironment"
msprop:Generator_ColumnPropNameInTable="EnvironmentColumn" minOccurs="0">
        <xs:simpleType>
          <xs:restriction base="xs:string">
            <xs:maxLength value="50" />
          </xs:restriction>
        </xs:simpleType>
      </xs:element>
      <xs:element name="CheckItem"
msprop:Generator_UserColumnName="CheckItem"
msprop:Generator_ColumnPropNameInRow="CheckItem"
msprop:Generator_ColumnVarNameInTable="columnCheckItem"
msprop:Generator_ColumnPropNameInTable="CheckItemColumn" minOccurs="0">
        <xs:simpleType>
          <xs:restriction base="xs:string">
```

```
                <xs:maxLength value="50" />
            </xs:restriction>
        </xs:simpleType>
    </xs:element>
    <xs:element name="CountryStation"
msprop:Generator_UserColumnName="CountryStation"
msprop:Generator_ColumnPropNameInRow="CountryStation"
msprop:Generator_ColumnVarNameInTable="columnCountryStation"
msprop:Generator_ColumnPropNameInTable="CountryStationColumn" minOccurs="0">
            <xs:simpleType>
                <xs:restriction base="xs:string">
                    <xs:maxLength value="500" />
                </xs:restriction>
            </xs:simpleType>
        </xs:element>
    <xs:element name="SamplingTime"
msprop:Generator_UserColumnName="SamplingTime"
msprop:Generator_ColumnPropNameInRow="SamplingTime"
msprop:Generator_ColumnVarNameInTable="columnSamplingTime"
msprop:Generator_ColumnPropNameInTable="SamplingTimeColumn" type="xs:dateTime" />
        <xs:element name="SamplingPerson"
msprop:Generator_UserColumnName="SamplingPerson"
msprop:Generator_ColumnPropNameInRow="SamplingPerson"
msprop:Generator_ColumnVarNameInTable="columnSamplingPerson"
msprop:Generator_ColumnPropNameInTable="SamplingPersonColumn" minOccurs="0">
            <xs:simpleType>
                <xs:restriction base="xs:string">
                    <xs:maxLength value="100" />
                </xs:restriction>
            </xs:simpleType>
        </xs:element>
    <xs:element name="Checker" msprop:Generator_UserColumnName="Checker"
msprop:Generator_ColumnPropNameInRow="Checker"
msprop:Generator_ColumnVarNameInTable="columnChecker"
msprop:Generator_ColumnPropNameInTable="CheckerColumn" minOccurs="0">
            <xs:simpleType>
```

```
        <xs:restriction base="xs:string">
          <xs:maxLength value="50" />
        </xs:restriction>
      </xs:simpleType>
    </xs:element>
    <xs:element name="TestTime" msprop:Generator_UserColumnName="TestTime"
msprop:Generator_ColumnPropNameInRow="TestTime"
msprop:Generator_ColumnVarNameInTable="columnTestTime"
msprop:Generator_ColumnPropNameInTable="TestTimeColumn" type="xs:dateTime" />
        <xs:element name="TemplateCode"
msprop:Generator_UserColumnName="TemplateCode"
msprop:Generator_ColumnPropNameInRow="TemplateCode"
msprop:Generator_ColumnVarNameInTable="columnTemplateCode"
msprop:Generator_ColumnPropNameInTable="TemplateCodeColumn">
        <xs:simpleType>
          <xs:restriction base="xs:string">
            <xs:maxLength value="50" />
          </xs:restriction>
        </xs:simpleType>
      </xs:element>
    </xs:sequence>
  </xs:complexType>
</xs:element>
</xs:choice>
</xs:complexType>
<xs:unique name="Constraint1" msdata:PrimaryKey="true">
  <xs:selector xpath=".//mstns:WaterDataSampleInfo" />
    <xs:field xpath="mstns:WaterSampleNum" />
    </xs:unique>
    </xs:element>
    <xs:annotation>
    <xs:appinfo>
        <msdata:Relationship name="WaterDataSampleInfoWaterDataRelation"
msdata:parent="WaterDataSampleInfo" msdata:child="WaterData"
msdata:parentkey="WaterSampleNum" msdata:childkey="WaterSampleNum"
msprop:Generator_UserRelationName="WaterDataSampleInfoWaterDataRelation"
```

```
msprop:Generator_RelationVarName="relationWaterDataSampleInfoWaterDataRelation"
msprop:Generator_UserChildTable="WaterData"
msprop:Generator_UserParentTable="WaterDataSampleInfo"
msprop:Generator_ParentPropName="WaterDataSampleInfoRow"
msprop:Generator_ChildPropName="GetWaterDataRows" />
        </xs:appinfo>
      </xs:annotation>
    </xs:schema>
```

6.5.1.2 mds.xml（月报示例）

```
<MonthReportDataSet xmlns="http://tempuri.org/MonthReportDataSet.xsd">
<WaterData>
    <WaterSampleNum>20100118</WaterSampleNum>
    <GuideLineSerial>0121</GuideLineSerial>
    <GuideLineName>溶解氧</GuideLineName>
    <GuideData>≥5</GuideData>
  </WaterData>
<WaterData>
    <WaterSampleNum>20100118</WaterSampleNum>
    <GuideLineSerial>0122</GuideLineSerial>
    <GuideLineName>高锰酸盐指数</GuideLineName>
    <GuideData>≤6</GuideData>
  </WaterData>
<WaterData>
    <WaterSampleNum>20100118</WaterSampleNum>
    <GuideLineSerial>0123</GuideLineSerial>
    <GuideLineName>化学需氧量(CODcr)</GuideLineName>
    <GuideData>≤20</GuideData>
  </WaterData>
<WaterDataSampleInfo>
    <WaterSampleNum>20100118</WaterSampleNum>
    <StructID>1320100010000</StructID>
    <SamplingPlace>南京水司北河口水厂一泵房</SamplingPlace>
    <WaterSampleType>地表水源水</WaterSampleType>
    <Environment>晴</Environment>
    <CheckItem>月检</CheckItem>
    <CountryStation>南京监测站</CountryStation>
```

```
<SamplingTime>2010-01-18T00:00:00+08:00</SamplingTime>
<SamplingPerson>张三</SamplingPerson>
<Checker>李四</Checker>
<TestTime>2010-01-18T00:00:00+08:00</TestTime>
<TemplateCode>T001</TemplateCode>
</WaterDataSampleInfo>
</MonthReportDataSet>
```

6.5.2　水质日报月统计数据接口

6.5.2.1　DayReportDataSet. xsd

```
<? xml version="1.0" encoding="utf-8"? >
<xs:schema id="DayReportDataSet"
targetNamespace="http://tempuri.org/DayReportDataSet.xsd"
xmlns:mstns="http://tempuri.org/DayReportDataSet.xsd"
xmlns="http://tempuri.org/DayReportDataSet.xsd"
xmlns:xs="http://www.w3.org/2001/XMLSchema"
xmlns:msdata="urn:schemas-microsoft-com:xml-msdata"
xmlns:msprop="urn:schemas-microsoft-com:xml-msprop"
attributeFormDefault="qualified"elementFormDefault="qualified">
    <xs:annotation>
        <xs:appinfo source="urn:schemas-microsoft-com:xml-msdatasource">
            <DataSource DefaultConnectionIndex="0"
FunctionsComponentName="QueriesTableAdapter" Modifier="AutoLayout, AnsiClass,
Class, Public" SchemaSerializationMode="IncludeSchema" xmlns="urn:schemas-mi-
crosoft-com:xml-msdatasource">
                <Connections />
                <Tables />
                <Sources />
            </DataSource>
        </xs:appinfo>
    </xs:annotation>
    <xs:element name="DayReportDataSet" msdata:IsDataSet="true"
msdata:UseCurrentLocale="true" msprop:Generator_UserDSName="DayReportDataSet"
msprop:Generator_DataSetName="DayReportDataSet"
msprop:EnableTableAdapterManager="true">
        <xs:complexType>
```

```
<xs:choice minOccurs="0" maxOccurs="unbounded">
    <xs:element name="P_FactoryDayReport"
msprop:Generator_UserTableName="P_FactoryDayReport"
msprop:Generator_TableClassName="P_FactoryDayReportDataTable"
msprop:Generator_RowClassName="P_FactoryDayReportRow"
msprop:Generator_TablePropName="P_FactoryDayReport"
msprop:Generator_TableVarName="tableP_FactoryDayReport" >
    <xs:complexType>
    <xs:sequence>
        <xs:element name="FactoryReportID" msdata:ReadOnly="true"
msdata:AutoIncrement="true" msdata:AutoIncrementSeed="-1"msdata:AutoIncrement-
Step="-1"
msdata:Caption="ID"msprop:Generator_UserColumnName="FactoryReportID"
msprop:Generator_ColumnVarNameInTable="columnFactoryReportID"
msprop:Generator_ColumnPropNameInRow="FactoryReportID"
msprop:Generator_ColumnPropNameInTable="FactoryReportIDColumn" type="xs:long" />
        <xs:element name="FactoryCode"
msprop:Generator_UserColumnName="FactoryCode"
msprop:Generator_ColumnVarNameInTable="columnFactoryCode"
msprop:Generator_ColumnPropNameInRow="FactoryCode"
msprop:Generator_ColumnPropNameInTable="FactoryCodeColumn">
        <xs:simpleType>
        <xs:restriction base="xs:string">
            <xs:maxLength value="50" />
        </xs:restriction>
        </xs:simpleType>
    </xs:element>
    <xs:element name="Issue" msprop:Generator_UserColumnName="Issue"
msprop:Generator_ColumnVarNameInTable="columnIssue"
msprop:Generator_ColumnPropNameInRow="Issue"
msprop:Generator_ColumnPropNameInTable="IssueColumn">
        <xs:simpleType>
        <xs:restriction base="xs:string">
            <xs:maxLength value="50" />
        </xs:restriction>
        </xs:simpleType>
```

```
        </xs:element>
        <xs:element name="ReportPerson"
msprop:Generator_UserColumnName="ReportPerson"
msprop:Generator_ColumnVarNameInTable="columnReportPerson"
msprop:Generator_ColumnPropNameInRow="ReportPerson"
msprop:Generator_ColumnPropNameInTable="ReportPersonColumn" minOccurs="0">
            <xs:simpleType>
              <xs:restriction base="xs:string">
                <xs:maxLength value="50" />
              </xs:restriction>
            </xs:simpleType>
        </xs:element>
        <xs:element name="LinkTel" msprop:Generator_UserColumnName="LinkTel"
msprop:Generator_ColumnVarNameInTable="columnLinkTel"
msprop:Generator_ColumnPropNameInRow="LinkTel"
msprop:Generator_ColumnPropNameInTable="LinkTelColumn" minOccurs="0">
            <xs:simpleType>
              <xs:restriction base="xs:string">
                <xs:maxLength value="200" />
              </xs:restriction>
            </xs:simpleType>
        </xs:element>
        <xs:element name="Remark" msprop:Generator_UserColumnName="Remark"
msprop:Generator_ColumnVarNameInTable="columnRemark"
msprop:Generator_ColumnPropNameInRow="Remark"
msprop:Generator_ColumnPropNameInTable="RemarkColumn" minOccurs="0">
            <xs:simpleType>
              <xs:restriction base="xs:string">
                <xs:maxLength value="4000" />
               </xs:restriction>
              </xs:simpleType>
            </xs:element>
          </xs:sequence>
        </xs:complexType>
      </xs:element>
    <xs:element name="P_FactoryDayReportGuideLine"
```

```
msprop:Generator_UserTableName="P_FactoryDayReportGuideLine"
msprop:Generator_TableClassName="P_FactoryDayReportGuideLineDataTable"
msprop:Generator_RowClassName="P_FactoryDayReportGuideLineRow"
msprop:Generator_TablePropName="P_FactoryDayReportGuideLine"
msprop:Generator_TableVarName="tableP_FactoryDayReportGuideLine">
        <xs:complexType>
          <xs:sequence>
            <xs:element name="FactoryReportID"
msprop:Generator_UserColumnName="FactoryReportID"
msprop:Generator_ColumnVarNameInTable="columnFactoryReportID"
msprop:Generator_ColumnPropNameInRow="FactoryReportID"
msprop:Generator_ColumnPropNameInTable="FactoryReportIDColumn" type="xs:long" />
            <xs:element name="SourceWaterType"
msprop:Generator_UserColumnName="SourceWaterType"
msprop:Generator_ColumnVarNameInTable="columnSourceWaterType"
msprop:Generator_ColumnPropNameInRow="SourceWaterType"
msprop:Generator_ColumnPropNameInTable="SourceWaterTypeColumn" minOccurs="0">
              <xs:simpleType>
                <xs:restriction base="xs:string">
                  <xs:maxLength value="50" />
                </xs:restriction>
              </xs:simpleType>
            </xs:element>
            <xs:element name="GuideLine"
msprop:Generator_UserColumnName="GuideLine"
msprop:Generator_ColumnVarNameInTable="columnGuideLine"
msprop:Generator_ColumnPropNameInRow="GuideLine"
msprop:Generator_ColumnPropNameInTable="GuideLineColumn" minOccurs="0">
              <xs:simpleType>
                <xs:restriction base="xs:string">
                  <xs:maxLength value="50" />
                </xs:restriction>
              </xs:simpleType>
            </xs:element>
            <xs:element name="CheckTimes"
msprop:Generator_UserColumnName="CheckTimes"
```

```
msprop:Generator_ColumnVarNameInTable="columnCheckTimes"
msprop:Generator_ColumnPropNameInRow="CheckTimes"
msprop:Generator_ColumnPropNameInTable="CheckTimesColumn" type="xs:int"
minOccurs="0" />
        <xs:element name="OverstepTimes"
msprop:Generator_UserColumnName="OverstepTimes"
msprop:Generator_ColumnVarNameInTable="columnOverstepTimes"
msprop:Generator_ColumnPropNameInRow="OverstepTimes"
msprop:Generator_ColumnPropNameInTable="OverstepTimesColumn" type="xs:int"
minOccurs="0" />
        <xs:element name="MaxValue" msprop:Generator_UserColumnName="Max-
Value"
msprop:Generator_ColumnVarNameInTable="columnMaxValue"
msprop:Generator_ColumnPropNameInRow="MaxValue"
msprop:Generator_ColumnPropNameInTable="MaxValueColumn" minOccurs="0">
      <xs:simpleType>
        <xs:restriction base="xs:string">
          <xs:maxLength value="50" />
        </xs:restriction>
      </xs:simpleType>
    </xs:element>
    <xs:element name="AverageValue"
msprop:Generator_UserColumnName="AverageValue"
msprop:Generator_ColumnVarNameInTable="columnAverageValue"
msprop:Generator_ColumnPropNameInRow="AverageValue"
msprop:Generator_ColumnPropNameInTable="AverageValueColumn" minOccurs="0">
      <xs:simpleType>
        <xs:restriction base="xs:string">
          <xs:maxLength value="50" />
        </xs:restriction>
      </xs:simpleType>
    </xs:element>
    </xs:sequence>
    </xs:complexType>
  </xs:element>
  </xs:choice>
```

```
    </xs:complexType>
    <xs:unique name="Constraint1" msdata:PrimaryKey="true">
      <xs:selector xpath=".//mstns:P_FactoryDayReport" />
      <xs:field xpath="mstns:FactoryReportID" />
    </xs:unique>
  </xs:element>
  <xs:annotation>
    <xs:appinfo>
      <msdata:Relationship name="P_FactoryDayReport_P_FactoryDayReportGuide-
Line"
msdata:parent="P_FactoryDayReport" msdata:child="P_FactoryDayReportGuideLine"
msdata:parentkey="FactoryReportID" msdata:childkey="FactoryReportID"
msprop:Generator_UserRelationName="P_FactoryDayReport_P_FactoryDayReportGuide-
Line"
msprop:Generator_RelationVarName="relationP_FactoryDayReport_P_FactoryDayRe-
portGuideLine"msprop:Generator_UserChildTable="P_FactoryDayReportGuideLine"
msprop:Generator_UserParentTable="P_FactoryDayReport"
msprop:Generator_ParentPropName="P_FactoryDayReportRow"
msprop:Generator_ChildPropName="GetP_FactoryDayReportGuideLineRows" />
    </xs:appinfo>
      </xs:annotation>
  </xs:schema>
```

6.5.2.2 dds.xml（日报月统计示例）

```
<DayReportDataSet xmlns="http://tempuri.org/DayReportDataSet.xsd">
<P_FactoryDayReport>
  <FactoryReportID>0</FactoryReportID>
  <FactoryCode>1320100010000</FactoryCode>
  <Issue>20100125</Issue>
  <ReportPerson>张三</ReportPerson>
  <LinkTel>01087654321</LinkTel>
  <Remark>TEST</Remark>
</P_FactoryDayReport>
<P_FactoryDayReportGuideLine>
  <FactoryReportID>0</FactoryReportID>
  <SourceWaterType>水源水</SourceWaterType>
  <GuideLine>0103</GuideLine>
```

```
        <CheckTimes>10</CheckTimes>
        <OverstepTimes>2</OverstepTimes>
        <MaxValue>12</MaxValue>
        <AverageValue>11</AverageValue>
    </P_FactoryDayReportGuideLine>
<P_FactoryDayReportGuideLine>
    <FactoryReportID>0</FactoryReportID>
    <SourceWaterType>水源水</SourceWaterType>
    <GuideLine>0102</GuideLine>
    <CheckTimes>10</CheckTimes>
    <OverstepTimes>2</OverstepTimes>
    <MaxValue>有</MaxValue>
    <AverageValue>有</AverageValue>
    </P_FactoryDayReportGuideLine>
    </DayReportDataSet>
```

6.6 数据采集器与数据中心通信数据包 XML 格式

6.6.1 验证数据包

6.6.1.1 采集器请求身份验证（数据采集器发送）

```
<? xml version="1.0" encoding="utf-8" ? >
<root>
    <common>
        <building_id><! –站点编码 --></building_id>
        <gateway_id><! –设备顺序编码 --></gateway_id>
        <type>request</type>
    </common>
    <id_validate operation="request">
    </id_validate>
</root>
```

其中<building_id>对应内容为 14 位数字，"1370100xxyyzzz"，第 1 位 "1" 为水类型识别码，2~7 位 "370100" 是行政区编码，8、9 位 "xx" 为水司顺序编码，10、11 位 "yy" 为水厂顺序编码，12~14 位 "zzz" 为站点顺序编码。

<gateway_id>对应内容为 4 位数字，"xxyy"，"xx" 为设备分类编码，"yy" 设备顺序编码。

6.6.1.2 数据中心发送一串随机序列（数据中心发送）

```
<? xml version="1.0" encoding="utf-8" ? >
<root>
  <common>
    <building_id><! --站点编码 --></building_id>
    <gateway_id><! --设备顺序编码 --></gateway_id>
    <type>sequence</type>
  </common>
  <id_validate operation="sequence">
    <sequence ><! --随机序列 --></sequence>
  </id_validate>
</root>
```

6.6.1.3 采集器发送计算的 MD5（数据采集器发送）

```
<? xml version="1.0" encoding="utf-8" ? >
<root>
  <common>
    <building_id><! --站点编码 --></building_id>
    <gateway_id><! --设备顺序编码 --></gateway_id>
    <type>md5</type>
  </common>
  <id_validate operation="md5">
    <md5><! --数据中心随机序列 MD5 值 --></md5>
  </id_validate>
</root>
```

6.6.1.4 数据中心验证结果（数据中心发送）

```
<? xml version="1.0" encoding="utf-8" ? >
<root>
<common>
<building_id><! --站点编码 --><ilding_id>
<gateway_id><! --设备顺序编码 --></gateway_id>
<type>result<pe>
</common>
<id_validate operation="result">
<result><! --验证成功:pass;验证失败:fail --></result>
</id_validate>
</root>
```

6.6.2　心跳/校时数据包

6.6.2.1　采集器定期给数据中心发送存活通知（数据采集器发送）

```
<? xml version="1.0" encoding="utf-8" ? >
<root>
  <common>
    <building_id><! --站点编码 --></building_id>
    <gateway_id><! --设备顺序编码 --></gateway_id>
    <type>notify</type>
  </common>
  <heart_beat operation="notify" />
  </heart_beat>
</root>
```

6.6.2.2　数据中心在收到存活通知后发送授时信息（数据中心发送）

```
<? xml version="1.0" encoding="utf-8" ? >
<root>
  <common>
    <building_id><! --站点编码 --></building_id>
    <gateway_id><! --设备顺序编码 --></gateway_id>
    <type>time</type>
  </common>
  <heart_beat operation="time">
<time><! --格式：yyyyMMhhHHmmss --></time>
</heart_beat>
</root>
```

6.6.3　水质远传数据包

6.6.3.1　数据中心查询数据采集器

```
<? xml version="1.0" encoding="utf-8" ? >
<root>
  <common>
    <building_id><! --站点编码 --></building_id>
    <gateway_id><! --设备顺序编码 --></gateway_id>
    <type>query</type>
  </common>
  <data operation="query" />
```

</data>

</root>

6.6.3.2　采集器对数据中心查询的应答

<? xml version="1.0" encoding="utf-8" ? >

<root>

　<common>

　　　<building_id><! --站点编码 --></building_id>

　　　<gateway_id><! --设备顺序编码 --></gateway_id>

　　　<type>reply</type>

</common>

<data operation="reply">

　<sequence>

　　　<! --采集器向数据中心发送数据的序号 -->

　</sequence>

　<parse>

　<! --

　　　yes:向数据中心发送的数据经过采集器解析;

　　　no:向数据中心发送的数据未经过采集器解析;

　　-->

　</parse>

　<time>

　<! --数据采集时间 -->

　</time>

　<! --

　　　计量装置信息,一个或多个

　meter 元素属性:

　　　id:计量装置的数据采集功能编号

　　　conn:计量装置诊断信息,取值 conn：计量装置连接正常 disconn：计量装置连接

断开

　　-->

　<meter id="1" conn="conn">

　<! --

　　　计量装置的具体采集功能,一个或多个

　　　function 元素属性：

　　　　id:计量装置的具体采集功能编号

　　　　coding:水质数据分类:为 5 个字符,"xxAyy":"xx"为厂商编码顺序号,"A"无效

185

字符任意填充,"yy"数采仪设备顺序编码

       error:该功能出现错误的状态码,0 表示没有错误

  -->

  <function id="1" coding="abc" error="0" sample_time="yyyyMMddHHmmss">

    <! --具体数据 -->

  </function>

 </meter>

</data>

</root>

6.6.3.3 采集器定时上报的水质数据

<? xml version="1.0" encoding="utf-8" ? >

<root>

  <common>

    <building_id><! --站点编码 --></building_id>

    <gateway_id><! --设备顺序编码 --></gateway_id>

    <type>report</type>

  </common>

  <data operation="report">

  <sequence>

    <! --采集器向数据中心发送数据的序号 -->

    </sequence>

    <parse>

    <! --

      yes:向数据中心发送的数据经过采集器解析;

      no:向数据中心发送的数据未经过采集器解析;

      -->

  </parse>

  <time>

<! --数据采集时间 -->

</time>

<! --

    计量装置信息,一个或多个

    meter 元素属性:

      id:计量装置的数据采集功能编号

      conn:计量装置诊断信息,取值 conn:计量装置连接正常 disconn:计量装置连

接断开

```
-->
<meter id="1" conn="conn">
```

```
<! --
    计量装置的具体采集功能,一个或多个
        function 元素属性:
            id:计量装置的具体采集功能编号
            coding:水质数据分类:为 5 个字符,"xxAyy":"xx"为厂商编码顺序号,"A"
无效字符任意填充,"yy"数采仪设备顺序编码
            error:该功能出现错误的状态码,0 表示没有错误
        -->
<function id="1" coding="abc" error="0" sample_time="yyyyMMddHHmmss">
    <! --具体数据 -->
    </function>
    </meter>
</data>
</root>
```

6.6.3.4　采集器断点续传的水质数据

```
<? xml version="1.0" encoding="utf-8" ? >
<root>
<common>
<building_id><! --站点编码 --></building_id>
<gateway_id><! --设备顺序编码 --></gateway_id>
<type>continuous</type>
</common>
<data operation="continuous">
<sequence>
    <! --采集器向数据中心发送数据的序号 -->
</sequence>
<parse>
    <! --
    yes:向数据中心发送的数据经过采集器解析;
    no:向数据中心发送的数据未经过采集器解析;
    -->
</parse>
<time>
```

187

```
<! --数据采集时间 -->
</time>
<total>
<! --需要断点续传数据包的总数 -->
</total>
<current>
<! --当前断点续传数据包的编号 -->
</current>
<! --
    计量装置信息,一个或多个
    meter 元素属性:
        id:计量装置的数据采集功能编号
        conn:计量装置诊断信息,取值 conn: 计量装置连接正常 disconn: 计量装置连接
断开
    -->
    <meter id="1" conn="conn">
        <! --
            计量装置的具体采集功能,一个或多个
            function 元素属性:
                id:计量装置的具体采集功能编号
                coding:水质数据分类:为 5 个字符,"xxAyy":"xx"为厂商编码顺序号,"A"无
效字符任意填充,"yy"数采仪设备顺序编码
                error:该功能出现错误的状态码,0 表示没有错误
            -->
            <function id="1" coding="abc" error="0" sample_time="yyyyMMddH-
Hmmss">
                <! --具体数据 -->
            </function>
        </meter>
    </data>
</root>
```

6.6.3.5 全部续传数据包接收完成后，数据中心对断点续传的应答

```
<? xml version="1.0" encoding="utf-8" ? >
<root>
    <common>
        <building_id><! --站点编码 --></building_id>
```

```
    <gateway_id><! --设备顺序编码 --></gateway_id>
    <type>continuous_ack</type>
  </common>
<data operation="continuous_ack" />
</data>
</root>
```

6.6.4　配置信息数据包

6.6.4.1　数据中心对采集器采集周期的配置

```
<? xml version="1.0" encoding="utf-8" ? >
<root>
<common>
    <building_id><! --站点编码 --></building_id>
    <gateway_id><! --设备顺序编码 --></gateway_id>
    <type>period</type>
</common>
<config operation="period">
      <period>
      <! --数据中心对采集器采集的周期 -->
    </period>
  </config>
</root>
```

6.6.4.2　采集器对数据中心采集周期的配置的应答

```
<? xml version="1.0" encoding="utf-8" ? >
<root>
<common>
      <building_id><! --站点编码 --></building_id>
      <gateway_id><! --设备顺序编码 --></gateway_id>
      <type>period_ack</type>
  </common>
    <config operation="period_ack"/>
    </config>
</root>
```

6.6.5　标准应答指令

```
<? xml version="1.0" encoding="utf-8" ? >
```

```
<root>
  <common>
    <building_id><!--站点编码 --></building_id>
    <gateway_id><!--设备顺序编码 --></gateway_id>
    <type>*_ack</type>
  </common>
  <extend operation="*_ack">
<return>
<!--1：成功;0：不支持请求指令;<0：执行失败,表示错误代码 -->
</return>
</extend>
</root>
```

6.6.6　获取设备信息记录

6.6.6.1　发送：数据中心

```
<? xml version="1.0" encoding="utf-8" ? >
<root>
  <common>
    <building_id><!--站点编码 --></building_id>
    <gateway_id><!--设备顺序编码 --></gateway_id>
    <type>getrunninginfo</type>
  </common>
  <!--
      获取系统运行记录
  -->
  <extend operation="getrunninginfo"/>
  <type>
  <!--
      0:系统运行信息
      1:报警信息
   -->
</type>
</root>
```

6.6.6.2　应答：数据采集器

```
<? xml version="1.0" encoding="utf-8" ? >
<root>
```

```
<common>
    <building_id><! --站点编码 --></building_id>
    <gateway_id><! --设备顺序编码 --></gateway_id>
    <type>getrunninginfo_ack</type>
</common>
<! --
    运行信息记录
-->
<extend operation="getrunninginfo_ack">
<return><! -- 1：成功；0：不支持请求指令；<0：执行失败，表示错误代码 --></return>
<type>
<! --
        0:系统运行信息
        1:报警信息
    -->
</type>
    <value>
        <! --信息内容 -->
    </value>
    </extend>
</root>
```

6.6.7　设备重启

6.6.7.1　发送:数据中心

```
<? xml version="1.0" encoding="utf-8" ? >
<root>
    <common>
        <building_id><! --站点编码 --></building_id>
        <gateway_id><! --设备顺序编码 --></gateway_id>
        <type>restart</type>
    </common>
    <! --
    重新启动设备
    -->
<extend operation="restart" />
```

```
</extend>
</root>
```

6.6.7.2　应答：数据采集器

参见本书第6.6.5节。

6.6.8　主动历史数据续传申请

6.6.8.1　数据采集器发送给数据中心

```
<? xml version="1.0" encoding="utf-8" ? >
<root>
  <common>
    <building_id><! --站点编码 --></building_id>
    <gateway_id><! --设备顺序编码 --></gateway_id>
    <type>auto_history</type>
  </common>
  <! --启动历史数据发送指令 -->
  <extend operation="auto_history"/>
  </extend>
</root>
```

6.6.8.2　应答：数据中心

```
<? xml version="1.0" encoding="utf-8" ? >
<root>
  <common>
    <building_id><! --站点编码 --></building_id>
    <gateway_id><! --设备顺序编码 --></gateway_id>
    <type>auto_history_ack</type>
  </common>
  <extend operation="auto_history_ack">
  <type>
<! --启动历史数据发送指令，type：0,禁止,1:允许-->
</type>
  </extend>
</root>
```

6.6.9　获取全部位号历史数据

6.6.9.1　数据采集器发送给数据中心

```
<? xml version="1.0" encoding="utf-8" ? >
```

```xml
<root>
  <common>
    <building_id><!--站点编码--></building_id>
    <gateway_id><!--设备顺序编码--></gateway_id>
    <type>history</type>
  </common>
<!--获取历史数据指令-->
<extend operation="history">
    <begin_at>
    <!--起始时间：yyyy-MM-dd HH:mm:ss-->
</begin_at>
<end_at>
    <!--结束时间 yyyy-MM-dd HH:mm:ss-->
</end_at>
<interval>
    <!--采样间隔-->
</interval>
    <!--type="0"表示全部。-->
<ids type="1">
        <id>XXXX</id>
</ids>
    </extend>
</root>
```

6.6.9.2 应答：数据中心

参见本书第 6.6.5 节。

6.6.10 设置密钥

6.6.10.1 发送：数据中心

```xml
<?xml version="1.0" encoding="utf-8"?>
<root>
  <common>
    <building_id><!--站点编码--></building_id>
    <gateway_id><!--设备顺序编码--></gateway_id>
    <type>setkey</type>
  </common>
<extend operation="setkey">
```

```
<type>
    <! --
        0：设置 MD5 密钥
        1：设置 AES 密钥
        2：设置 AES 初始向量
    -->
</type>
    <key>
    <! --密钥 -->
</key>
    </extend>
</root>
```

6.6.10.2　应答：数据采集器

参见本书第 6.6.5 节。

第7章　成果应用与示范

7.1　国家城市供水水质监控平台建设

7.1.1　研究技术的应用

7.1.1.1　城市供水管理信息系统指标体系

在全国城市供水管理信息系统研发中，将城市供水管理信息系统指标体系用于各级基础信息采集页面、水质与水量的动态信息采集。

7.1.1.2　三级城市供水水质监控网络用户体系

在全国城市供水管理信息系统的用户系统中，建立了覆盖全国城市（至县城）的三级监管用户体系，可以实现国家级、省级、城市级行政管理权限的各类信息查询，进而实施监管；建立了在城市层面上的三级信息采集用户体系，可以实现城市级、水司级和水厂级的城市供水管理相关信息的上报（图7-1）。

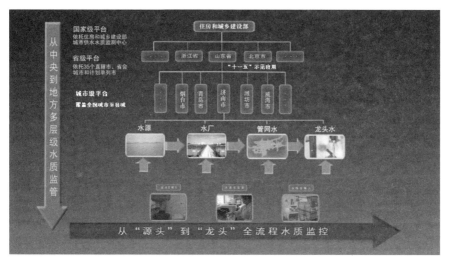

图 7-1　三级城市供水水质监控网络示意图

7.1.1.3　Web Service 统一用户认证体系的应用

在国家城市供水水质监控平台以全国城市供水管理信息系统为用户认证服务器（主站），国家城市供水水质在线监测信息管理平台、城市供水水质监测点空间信息采集系统、城市供水水质在线/便携监测设备信息共享平台等信息系统均为一个分站。当用户访问辅助软件，其用户权限验证是通过 Web Service 在用户认证服务器（主站）实现（图 7-2）。

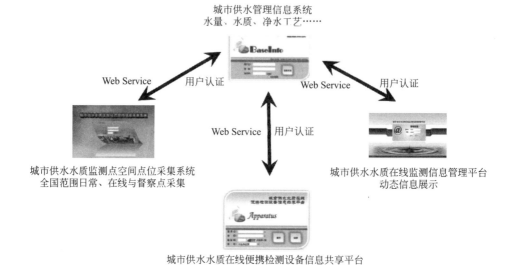

图 7-2　多系统软件统一用户认证体系

7.1.1.4　城市供水水质实验室 LIMS 系统接口的应用

LIMS 与水质信息管理系统接口工作主要有：

初始设置：初始化指标参数代码，与国家站一致；初始化水司代码，与国家站数据库相同；初始化需要上传的报表，与国家站的水质数据表一致（图 7-3～图 7-6）。

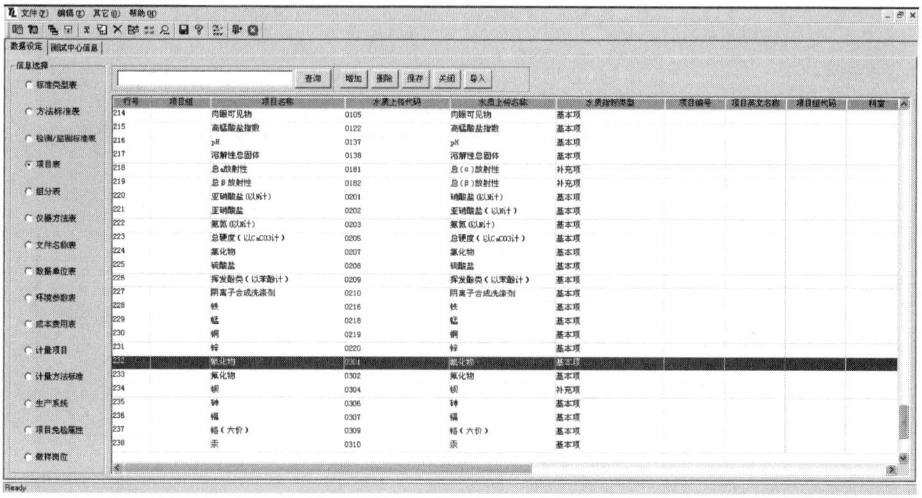

图 7-3　初始化指标参数代码

7.1.1.5　Excel 模板导入的应用

根据城市供水水质上报的水样类型，Excel 模板导入技术应用于地表水源水常规项、非常规项，地下水源水，出厂水与管网水生活饮用水卫生标准的常规项、非常规项的数据

图 7-4 初始化水司代码

图 7-5 初始化需要上传的报表

图 7-6 将通过审批的报表选择上传

导入模板，通过培训拓展应用方法，结合 Excel 自带工具 Offset 函数来定义本地工作表，实现报表数据与模板导入的联动，解决监测站数据汇总报表与模板不一致问题。

7.1.1.6　异构系统的数据接口

通过与江苏省自研发省级城市供水水质管理信息系统的数据对接，检验了异构系统的 Web Service 接口的应用效果。

7.1.2　软件应用

7.1.2.1　城市供水管理信息系统的应用

城市供水管理信息系统首先是为行业应用，软件研发后，按住房和城乡建设部城市建设司的要求，于 2011 年 2 月全部源程序移交给住房和城乡建设部信息中心，由信息中心组织上线。

城市供水管理信息系统在 2011 年 4 月作为研究全国重点城市水质在线监测网建设现状的调查软件得到应用，成功地采集了国家城市供水水质监测网 30 个监测站所在供水企业的基础信息、城市供水水源信息、水源水-出厂水-管网水水质在线监测点位置、使用设备、运行维护等信息。

城市供水管理信息系统作为通过接口软件接收上报数据的展示载体，可展示示范地山东省、杭州市、东莞市的非实时数据——采集网上报数据，展示江苏省自研发的城市供水水质数据管理系统的上传数据。

7.1.2.2　全国城市供水水质数据上报系统的应用

全国城市供水水质数据上报系统早期开发源于 2002 年联合国技援项目，随着计算机技术及浏览器的发展，软件使用受到限制。在"十一五"期间，将该系统进行了升级，使之适应于新的浏览器，增加了 Excel 模板导入和实验室 LIMS 系统数据的导入。Excel 模板导入在日常水质数据上报和 2011 年以后每年的督察数据上报中得到普遍应用，实验室 LIMS 系统数据的导入功能在个别监测站得到使用。

7.1.2.3　城市供水水质在线监测信息管理平台应用

应用城市供水水质在线监测信息管理平台，国家级监控平台专业人员可以浏览三个示范地城市供水水质在线监测实时数据。同时，可以浏览环保部门网上公布的与城市所在二级流域范围内的实时水质断面在线监测信息。

7.1.2.4　国家城市供水水质在线监测数据通信管理平台应用

应用国家城市供水水质在线监测数据通信管理平台，国家级监控平台专业人员可以浏览示范地单点多发的水质在线监测实时数据，了解设备运行状态。山东省城市供水水质在线监测点数采仪具备单点多发的功能，在省级平台主服务的许可下实现该功能。

7.1.2.5　城市供水水质监测站点空间信息采集系统应用

应用城市供水水质监测站点空间信息采集系统，全国城市供水管理信息系统的所有水司用户均可以管理本水司各类监测点的空间分布信息，所有城市、省级和国家级用户可以查阅辖区内各类城市供水水质建成点分布信息。2012 年 3 月对国家网各国家站进行软件使用培训后，部分监测站进行了城市供水水质空间点位分布的维护，比较充分利用该工具的是珠海监测站。

7.1.2.6　城市供水水质在线/便携监测设备信息共享平台

成果应用于浙江大学，用于完成在线监测设备数据库建设，为数据库的建设形成初始资料积累。

7.1.3　国家城市供水水质监控网络建设总结

7.1.3.1　城市供水水质在线监控网络框架建设

可接收山东省、杭州市、东莞市三个示范地城市供水水质在线监测实时数据。

7.1.3.2　城市供水水质数据上报（非实时）监控网络框架建设

实现重点城市全覆盖，可接收东省、杭州市、东莞市三个示范地的非实时（上报）数据，可接收江苏省省级自建（异构）系统的上报数据。

7.1.3.3　组网方式

非实时数据采集网的组网方式：与山东省省级监控中心采用 VPN 组网，与杭州市和东莞市市级平台采用数据加密后公网传输。

实时数据采集网的组网方式：在山东省监控中心组服务器的许可下，接收山东省在线监测数采仪单点多发实时数据；与杭州和东莞监控中心在线监测数据库端经加密后实现实时对接。

7.1.3.4　运行状况

所有系统正常运行。全国城市供水管理信息系统于 2010 年 3 月开始运行，可查看各地上报数据；城市供水水质数据上报系统新版于 2009 年开始运行，可查看重点城市上报数据；城市供水水质在线监测信息管理平台于 2012 年 1 月开始运行，可查看各地水质在线实时数据。

7.1.3.5　应用关键技术点

共性应用：统一用户认证体系、关键编码规则、Excel 导入模板。

特性应用：数据接口、混合组网、实验室 LIMS 数据导入。

7.2　在山东省及济南市省市两级城市供水水质监测预警系统技术平台建设中的示范应用

7.2.1　山东省城市供水水质在线监测网布局

基于山东省城市供水系统水质污染特征，为满足预警监控需求，山东省"十一五"城市供水水质监控网络水源水、出厂水和管网水在线监测点位置和监测项目选择，见表 7-1。

山东省"十一五"城市供水水质监控网络在线监测点位置和监测指标　　　**表 7-1**

示范城市	监测类型			监测点位置	监测指标
济南	水源水	引黄水库水		玉清水库取水口	COD$_{Mn}$ 分析仪、氨氮、常规五参数
				鹊山水库取水口	叶绿素分析仪、COD$_{Mn}$ 分析仪、BBE 藻类分类、综合毒性、在线生物预警(生物鱼行为强度)、氨氮、总磷、总氮、TOC、石油、常规五参数、全光谱扫描
		地表水库水		卧虎山水库取水口	叶绿素分析仪、COD$_{Mn}$ 分析仪、氨氮、常规五参数
				锦绣川水库取水口	COD$_{Mn}$ 分析仪、氨氮、常规五参数
				狼猫山水库取水口	COD$_{Mn}$ 分析仪、氨氮、常规五参数
		地下进厂原水		东郊进厂原水管道口	在线生物预警(生物鱼行为强度)、常规五参数
				西郊进厂原水管道口	常规五参数
	出厂水			玉清水厂出水泵房	余氯、浊度
				鹊华水厂出水泵房	
				南郊水厂出水泵房	
				分水岭水厂出水泵房	
				雪山水厂出水泵房	
				东郊水厂出水泵房	
				西郊水厂出水泵房	
	管网水			见表 4.2-2	余氯、浊度
东营	水源水			南郊水库	在线生物预警(生物鱼行为强度)、COD$_{Mn}$ 分析仪、氨氮、常规五参数、叶绿素分析仪
	出厂水			南郊水厂	余氯、浊度
	管网水			市府一幼	余氯、浊度
				安宁西区	余氯、浊度
潍坊	水源水			峡山水库	在线生物预警(生物鱼行为强度)、COD$_{Mn}$ 分析仪、氨氮、常规五参数、叶绿素分析仪
	出厂水			东环水厂	余氯、浊度
				白浪河水厂	余氯、浊度
	管网水			奎文	余氯、浊度
				潍城	余氯、浊度

注：表中常规五参数指的是：温度、pH、浊度、溶解氧、电导率。

　　为充分利用"十一五"前供水企业已经在取水、输水、净水、配水不同环节建立的水质在线监测设备，济南市在线监测网纳入已建原水在线监测点 4 个：玉清水厂、鹊华水厂、分水岭水厂、雪山水厂，其中，鹊华水厂监测项目为水质综合毒性、生物鱼行为强度、高锰酸盐指数、UV，玉清水厂、分水岭水厂、雪山水厂监测项目为生物鱼行为强度。这些点以共享方式纳入城市供水水质监测网络。

7.2.2　山东省城市供水水质在线数据采集传输组网方式与运行状态

山东省建设的城市供水水质在线监测网数据管理服务器（主服务器）置于济南市水质监测预警系统技术中心，负责管理山东省城市供水水质在线监测网各监测站点的运行，采集各站点实时数据入库，同时负责向国家级监控平台的信息传输。

7.2.2.1　山东省级在线监测点数据采集

在线监测站点监测数据上传采样的硬件为 WNC-201 型一体化监控仪。采用中国移动通信公司的 GPRS 无线传输网络。数据上传至山东省与济南市水质监控中心服务器。

在水源水在线监测系统中，通常由集成商在系统集成时配有工控机，内配套 DLComposer 软件，可以完成对现场的水温、pH、电导率、溶解氧、浊度、余氯指标参数，及自动采样器的实时数据采集和历史数据存储，并留有多个扩展接口。此时，中控数采仪与工控机通信采用标准的 ModBus RTU 通信协议。工控机（从机）将在线监测实时数据通过数采仪（主机）上传至山东省与济南市水质监控中心服务器。

出厂水和管网水的在线监测数据采集与传输直接使用 WNC-201 型一体化监控终端（数据采集传输仪）。

WNC-201 型一体化监控系统由 WNC-201 型一体化监控终端（数采仪）以及无线测控终端管理系统软件两部分组成（图 7-7）。

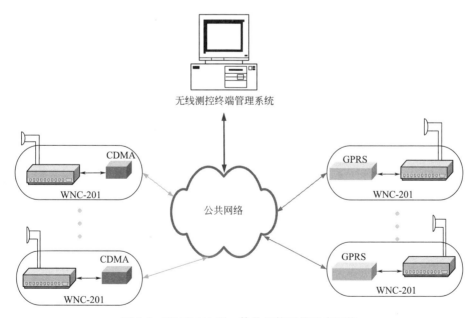

图 7-7　WNC-201 型一体化监控系统组态网络

WNC-201 型一体化监控终端（数据采集传输仪）支持 CDMA/GPRS 通信方式，将在线监测仪表的监测数据、状态数据信号等，转换为数字信号或模拟信号，由无线 GPRS 网络传输至数据中心主服务器。无线测控终端管理系统软件支持完整的无线测控终端组态功能，并对无线测控终端实现配置，实现无线实时的基本数据、无纸记录，并通过 WNC-Studio 实现无线测控终端组态信息的下传和上传，支持对无线测控终端的控制功能，实现指令列表，方便组态反控，包括设备启停和无线视频的启停等。

山东省的在线监测设备数据采集频率为 15min/次，送入省级（济南市级）数据中心主服务器，数据中心管理员负责通过主服务器无线测控终端管理系统软件监控在线仪表的运行。

7.2.2.2　山东省与国家级城市供水水质监控平台的在线监测数据传输

国家级城市供水水质监控平台安装有国家城市供水水质在线监测数据通信管理平台软件，设有实时数据接收服务器（辅服务器），由山东省城市供水水质监控中心的主服务器许可辅服务器接收在线监测数据（图 7-8）。

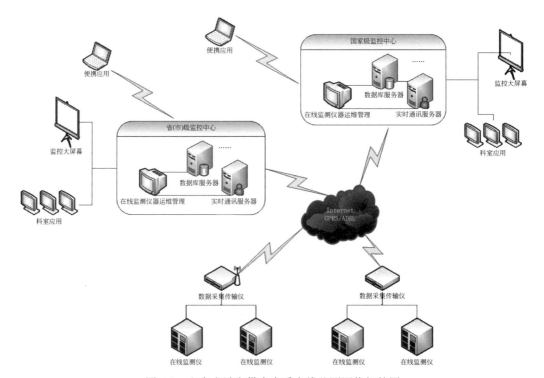

图 7-8　山东省城市供水水质在线监测网络拓扑图

7.2.2.3　山东省及济南市两级城市供水水质在线监测网运行状况

山东省在线监测网框架包括济南市监测网、东营市和潍坊市监测网框架。

济南市监测网由 49 个监测点组成（图 7-9），于 2010 年 10 月投入运行；东营市监测网框架由 3 个监测点组成（图 7-10），于 2011 年 6 月投入运行；潍坊市监测网框架由 5 个监测点组成（图 7-11），于 2011 年 4 月投入运行。三个城市的在线监测数据已实时采集传输至省级城市供水水质在线监测数据采集服务器，在省级监测预警系统技术平台上展示。

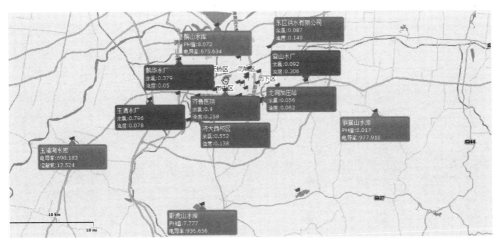

图 7-9　济南市城市供水水质在线监测点示意图

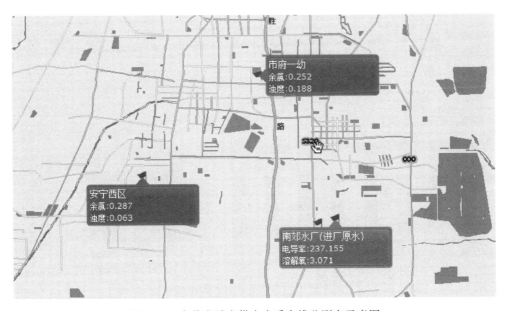

图 7-10　东营市城市供水水质在线监测点示意图

7.2.2.4　山东省非实时数据采集网的建设、组网与运行状况

（1）山东省非实时数据采集网的建设与运行状态

2010 年 10 月，山东省住房和城乡建设厅城建处组织了两期城市供水管理信息系统软件使用培训班，参加培训人员约 150 人，从此，山东省城市供水水质数据上报模块正式投入使用。

"十一五"期间，山东省城市供水水质数据上报面覆盖了省住房和城乡建设厅供水主管的各地级市，上报数据的县级市和县城达 52 个。

2011 年，通过山东省城市供水水质监测预警系统技术平台接收的地表水源水、地下水源水、出厂水及管网水的城市供水水司水质检测分析报告共 3933 件（图 7-12）。

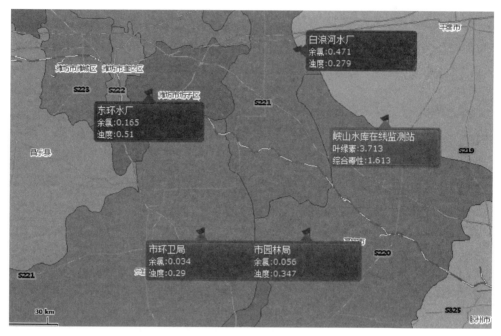

图 7-11　潍坊市城市供水水质在线监测点示意图

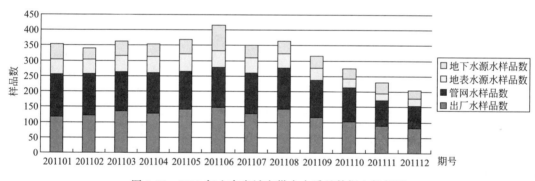

图 7-12　2011 年山东省城市供水水质月数据上报状况

（2）山东省与国家级城市供水水质监控平台的非实时数据传输组网

山东省与国家级城市供水水质监控平台的两数据中心之间采用 VPN 方式联网，数据库层面实现对接。

7.2.3　山东省市两级城市供水水质监测预警系统技术平台建设中的示范应用技术总结

在山东省及济南市的省市两级城市供水水质监控网络构建及两级城市供水水质监测预警系统技术平台建设中，应用了下列研究成果。

7.2.3.1　关联研究成果

研发的全国城市供水管理信息系统的数据采集模块、数据上报状况查询模块和监测、预警、应急等水专项"十一五"课题关联研究成果，共同集成为山东省城市供水水质监测预警系统技术平台。

7.2.3.2　在线监测点布局

基于对济南市城市供水水质安全隐患的分析，完成了济南市水源水、出厂水和管网水水质在线监测点的点位选择、在线监测项目的选择。

7.2.3.3　在线监测网络建设的集成

山东省在线监测网络的建设，集成了在线监测设备、数采仪和数据通信管理平台。其中，数据管理通信平台应用了浙江中控集团的实时数据库，实现快速地存储数据，相对于关系型数据库，减少了存储空间。

7.2.3.4　数据接口

山东省省级城市供水水质监测预警系统技术平台与国家级城市供水水质监控平台的数据库为同构系统，应用接口软件实现了省级数据中心向国家级数据中心的数据传输。

在山东省城市供水水质监测预警系统技术平台应用了水质数据 Excel 导入模板、水质日报与水量月报导入模板。

水质在线实时监测数据在省级平台与水质中心使用的国家城市供水水质在线监测数据通信管理平台为同构系统，两平台通过 VPN 虚拟专网实现了实时数据库之间的数据传输。

7.3　杭州市城市供水水质监控网络构建示范应用

7.3.1　杭州市城市供水水质在线监测网络布局

7.3.1.1　取水口在线监测点

钱塘江的原水水质在线监测站点设计原则是选择饮用水源地为关键预警点。

钱塘江流域和东苕溪流域的水厂有 5 个，其中钱塘江有 4 个，自上而下为九溪水厂站点、清泰水厂站点、南星水厂站点、赤山埠水厂站点；东苕溪 1 个，即祥符水厂站点。为避免重复建设，经与相关部门协调，在线数据实现共享，包括断面水在线监测点的数据。

（1）九溪水厂监测点

九溪水厂为设计量最大的水厂，日产达 60 万吨。是钱塘江沿江第一个大型水厂，因此在此设立水源水质在线监测点是非常必要的。九溪水厂水质监测站参数为：五参数（pH、溶解氧、电导率、浊度、温度）、氨氮、总磷、总氮、高锰酸盐指数、生物毒性（发光菌）、综合毒性（鱼）、重金属（铅、铁、锰、六价铬、镉）、氟化物、叶绿素 a、蓝藻、硅藻、隐藻、绿藻，共 22 项（截至 2012 年 8 月 10 日）。传输方式为 GPRS，由水业集团提供。

（2）清泰水厂监测点

清泰水厂日实际供水量为 30 万吨，在线测量参数包括：五参数（pH、溶解氧、电导率、浊度、温度）、氨氮、UV_{254}。由于上游离九溪水厂、下游离南星水厂较近，此站点设计的监测参数可参考上下游附近水厂的监测数据，即节省了成本，又满足了水质监测要

205

求。数据采用 GPRS 无线传输。

（3）南星水厂监测点

南星水厂位于钱塘江（杭州段）的下游，更容易受到咸潮的影响。实时监测参数包括：五参数（pH、水温、溶解氧、浑浊度、电导率）、氨氮、高锰酸盐指数、总磷、总氮、生物毒性（发光菌）。数据采用 GPRS 无线传输。

（4）赤山埠水厂监测点

赤山埠水厂位于钱塘江（杭州段）的下游，在线监测项目有：五参数（pH、水温、溶解氧、浑浊度、电导率）、高锰酸盐指数、氨氮、总磷、总氮。

（5）祥符水厂监测点

祥符水厂位于东苕溪流域。在线测量参数包括：五参数（pH、水温、溶解氧、浑浊度、电导率）、氨氮、高锰酸盐指数、总磷、总氮、氟化物、铅、铁、锰、六价铬、镉、生物毒性（发光菌）、叶绿素 a、蓝藻、硅藻、隐藻、绿藻，共 21 项（截至 2012 年 8 月 10 日）。数据采用 GPRS 无线传输。

（6）断面水在线监测点

断面水质作为重要辅助监测点，以最少的点，取得最大的代表性，并能起到有效预警作用，为避免过度或重复建设，取环保地表水断面监测站的数据作为共享数据，现有 8 个站点，监测参数见表 7-2。

杭州市地表水监测断面现有在线监测设备一览　　　　　　　　　　表 7-2

断面名称	交界区域	五参数	氨氮	高锰酸盐指数	TN/TP	叶绿素
九溪水厂	九溪水厂	●	●	●	●	●
渔山	富阳—杭州	●	●	●	●	●
东梓	桐庐—富阳	●	●	●	●	●
冷水	建德—桐庐	●	●	●	●	
印渚	临安—桐庐	●	●	●	●	
将军岩	金华—杭州	●	●		●	
进化	绍兴—杭州	●	●	●	●	
鸠坑口	安徽—杭州	●	●	●	●	

在八个监测断面中，选取钱塘江（杭州段）的上游第一个断面渔山断面作为杭州水质参考点，把守杭州市的南大门，在线监测项目有：pH、水温、溶解氧、浑浊度、高锰酸盐指数、氨氮、总磷、总氮、叶绿素 a、生物毒性（发光菌）、锰，满足有害物质和重金属的监测。

7.3.1.2　管网水在线监测点设计

充分利用水业集团管网现有 23 个监测点，可监测参数包括浊度、余氯、压力、流量。

在此基础上，拟增加新的在线监测系统，包括 pH、氨氮、亚硝酸盐氮、总铁、细菌、大肠杆菌群。采用 GPRS 无线数据传输方式传输数据。

"十一五"期间，实现了 4 个管网水水质监测数据的共享。

7.3.1.3 出厂水在线监测点

充分利用水业集团出厂水 6 个监测点，监测参数包括浑浊度、余氯、pH、压力、流量；同时拟增加氨氮、亚硝酸盐氮、总铁、细菌、大肠杆菌群等参数的测量。采用 GPRS 无线数据传输方式传输数据。

"十一五"期间，实现了 4 个出厂水水质监测数据的共享。

7.3.2 杭州市城市供水水质监控网络组网方式与共享实现

7.3.2.1 水源水在线监测数据接入环保专网

从环保机房拉专线到 4 个水厂的原水在线监测站，渔山断面位置较远，通过 2.75G 移动网络无线发送数据。监测站每隔 4h 采集各监测仪表当前监测值，发送回环保专网。环保专网数据库服务器采用 Orcle 数据库存储实时监测数据，每个站点每个时间点发回的监测值作为一条记录，每个监测因子作为一个字段。环保专网为水专项单独分配 Oracle 用户名、密码，并开放实时监测数据备份表。

7.3.2.2 在线监测数据接入华数机房

根据杭州实际情况，杭州市城市供水水质监控网采用政务外网组网。中心机房托管于杭州华数网通政务集约化中心机房。在杭州华数机房，城市供水水质监测站机房放置服务器一台，双网卡，一端接入环保专网，一端接入水专项专网，以这台服务器为桥梁，实现两个专网之间的数据交互。在服务器上配制 Orcle 客户端，连接环保专网数据库服务器。服务器每隔 1h 从实时监测数据备份表中获取每个站点的最新监测数据并对比监测时间，如有更新，则根据水专项编码表转换站点编码、因子编码，并写入水质监控中心服务器水专项数据库。

供水企业在线监测数据的共享，是通过从政务外网向水业集团布置专线，建立在线监测数据共享通道（可从水业集团数据库获取信息）。

实现各部门应用平台按权限与中心机房的互联互通（图 7-13、图 7-14）。

7.3.3 杭州市城市供水水质在线监测数据与国家级平台的数据对接

杭州市在线水质数据进入杭州市监控中心，储存在 SQL 关系型数据库，通过 Web Service 方式，将数据推送到国家级平台的实时数据库（图 7-15）。

7.3.4 杭州市非实时数据采集网的建设与运行状况

2011 年 3 月，杭州市城市供水水质数据上报模块正式投入使用。数据采集范围覆盖主城区。

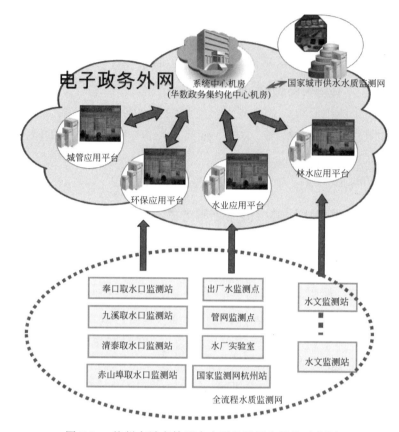

图 7-13　杭州市城市饮用水水质监控网络结构示意图

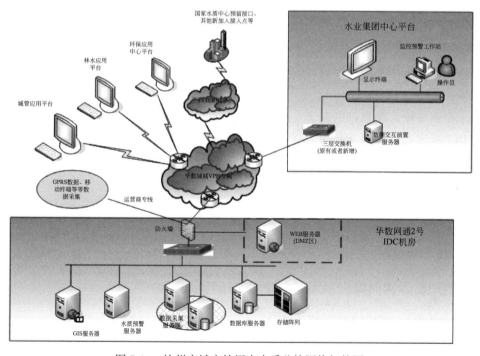

图 7-14　杭州市城市饮用水水质监控网络拓扑图

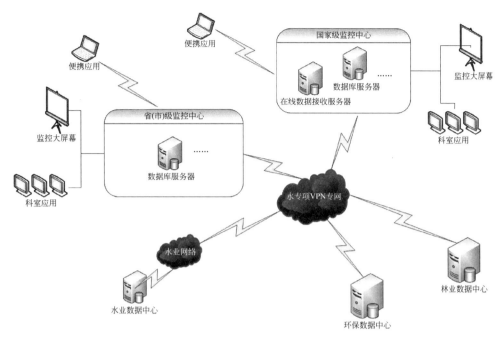

图 7-15 杭州市市级平台与国家级平台对接网络拓扑图

7.3.5 杭州市示范应用技术总结

在杭州市城市供水水质监控网络建设中，应用了下列研究成果。

7.3.5.1 集成城市供水水质监测预警系统技术平台

研发的全国城市供水管理信息系统的数据采集模块、数据上报状况查询模块和关联研究成果，共同集成为杭州市城市供水水质监测预警系统技术平台。

7.3.5.2 在线监测网络信息共享

通过在已纳入政务外网的林水局、环保局机房建立前置服务器（双网卡），实现信息共享；通过从政务外网向水业集团布置专线，建立在线监测数据共享通道（可从水业集团数据库获取信息），实现与城市供水企业间的信息共享。

7.3.5.3 数据接口

杭州市城市供水水质监测预警系统技术平台与国家级城市供水水质监控平台的数据库为同构系统，应用接口软件实现了市级非实时数据向国家级数据中心的数据传输。

在杭州市级城市供水水质监测预警系统技术平台应用了水质数据 Excel 导入模板、水质日报与水量月报导入模板。

水质在线实时监测数据在市级平台存储为 SQL 关系型数据库，通过应用国家城市供水水质在线监测数据通信管理平台软件开发方提供的接口软件，实现了市级平台向国家级平台实时传输。

7.4　东莞市城市供水水质监控网络构建示范应用

7.4.1　东莞市城市供水水质在线监测网络布局

根据对东莞市的城市供水水质安全隐患分析，"十一五"期间在东莞市布局的水质在线监测点见表 7-3，各监测点特征分述。

"十一五"期间在东莞市布局的水质在线监测点　　　　　　表 7-3

站点类型	位置	监测指标
东江原水	企石水厂取水口	五参数(pH、溶解氧、电导率、浊度、温度)、生物毒性、高锰酸盐、氨氮、总氰、重金属(铅、镉、锌、铜)、石油类
	石龙西湖村水厂取水口	五参数(pH、溶解氧、电导率、浊度、温度)、氨氮、总氰、总汞,高锰酸盐
水库水	大朗水厂水源——松木山水库(浅层)	五参数(pH、溶解氧、电导率、浊度、温度)、氨氮、生物毒性、藻类、高锰酸盐、总氰、重金属(铜、锌、铅、镉)、氟化物、总汞
	大朗水厂水源——松木山水库(深层)	
管网水	会展中心、西湖村水厂营业部、企石水厂供水区居民楼	总氯、浊度、pH
出厂水	西湖村水厂、企石水厂等 7 个水厂(新增)	总氯、浊度、pH
	茶山镇第二水厂等 13 个水厂(共享)	

7.4.1.1　东江原水水质在线监测点

东江干流的原水水质在线监测站点设计原则是选择关键预警点，以最少的点，取得最大的代表性，并能起到有效预警作用，避免过度或重复建设。

基于上述原则，沿东江干流共布局 5 个在线监测站点，为避免重复建设，经与相关部门协调，在线数据实现共享。自东江入东莞入境口开始，自上而下有：桥头镇站点（与环保共享，待协调）、企石站点、石龙站点、东城水厂站点（与环保共享，待协调）、东莞第二水厂站点（与环保共享，待协调）。

（1）企石站点

东江入境后，东莞市的第一个水厂取水点位于企石镇，同时水库联调东江取水口也位于企石，因此在企石设立水源水质在线监测点是非常必要的。河面船只较多，存在浮油污染的隐患。

企石站点水质监测站参数：五参数（pH、溶解氧、电导率、浊度、温度）、高锰酸盐、氨氮、总氰、重金属（铅、镉、锌、铜）、石油类、生物毒性，自动采样器。

（2）石龙站点（西湖村站）

东江在石龙分出南、北两个支流，由于主要取水点位于南支流，同时企石到石龙段有两个较大的泄洪口，因此在石龙西湖段设置水源水质在线监测点，可以有效地对市主力第

六、第三水厂及茶山起到水质预警作用。西湖村站水质监测站参数：五参数（pH、溶解氧、电导率、浊度、温度），氨氮，总氰、总汞，高锰酸盐。

7.4.1.2 水库水水质在线监测点

松木山水库位于东莞市三镇交汇处，是整个九库联调的最大的水库，是第一个入水水库，也是整个九库的中枢点。站点取水点位于东江水入口及水坝附近，湖中央靠大朗水厂取水点，结合旱涝情况设置表层水与深层水结合的取水方式，反映水库水质的实质情况。

松木山水库水质监测站参数：五参数（pH、溶解氧、电导率、浊度、温度）、生物毒性、藻类、高锰酸盐、氨氮、总氰、重金属（铜、锌、铅、镉）、氟化物。

7.4.1.3 出厂水水质在线监测点

针对东莞市出厂水 pH 对管网水质的影响，在出厂水水质在线监测中除常规的余氯、浊度外，增加指标 pH。

新建出厂水在线监测点有：企石水厂、西湖村水厂。共享茶山镇第二水厂等 13 个水厂的出厂水在线监测点。

7.4.1.4 管网水水质在线监测站点

建立的 3 个管网水水质在线监测站点分别位于：企石水厂供水范围的旁边居民楼、西湖水厂供水范围的旁边居民楼以及东莞市会展中心。其中，会展中心是政府及企业会议、大型运动会的集中使用地，水质要求重视程度高。

7.4.2 东莞市城市供水水质在线数据采集传输组网方式

7.4.2.1 本地在线监测实时数据的采集

东莞市在线监测仪器连接的数据采集传输议将数据通过无线网络传输入东莞市数据中心，数据储存于 SQL 关系型数据库。

7.4.2.2 东莞市监控中心与国家级监控平台的数据传输

东莞市监控中心服务器组放置于政务外网内，国家级监控中心无法主动取数。故采取由东莞市监控中心服务器通过 Web Service 方式，利用互联网将数据定期推送到国家级平台的实时数据库（图 7-16）。

7.4.2.3 东莞市城市供水水质数据采集网的运行状况

（1）非实时数据采集网

东莞市非实时数据采集网数据采集内容同其他示范地，故不累述。东莞市现有 32 个镇及市级水司，其中 17 个水司为自制水、5 个水司为自制水＋转供水、10 个水司为全部转供水。

东莞市水质数据上报系统软件自 2011 年 6 月正式启用，数据上报水司达 33 家（含 1 家村级水司），已实现采集所有镇级与市级水司水质监测数据的网络框架。2012 年 1 月统计时，2011 年 9～11 月数据上报率为 97％～100％，12 月为正在上报中，已达 87.9％（图 7-17）。

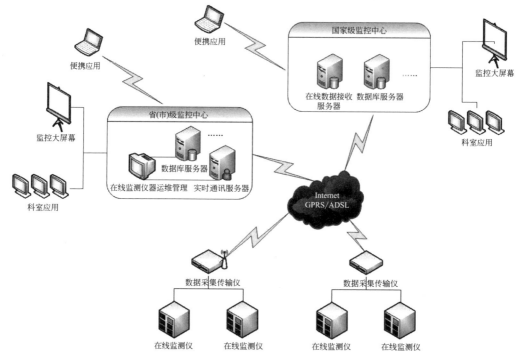

图 7-16　东莞市在线监测数据采集网络拓扑图

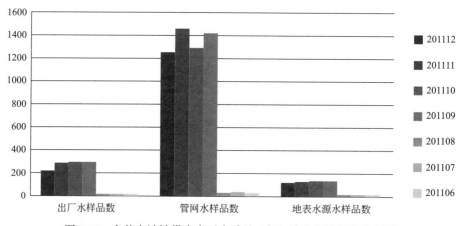

图 7-17　东莞市城镇供水水司水质月（年）检上报样品数分布图

（2）实时数据采集网

东莞市城市供水水质 3 个水源水、2 个水厂、3 个管网水在线监测点与 2011 年 3 月投入运行，其后陆续并入新建在线监测点和实时的共享点。

"十一五"期间，初步建成的东莞市城市供水水质在线监测网由 3 个水源水、3 个管网水、21 个出厂水在线监测点构成。

截至 2011 年 10 月，东莞市市级示范工程已经稳定运行了 8 个月（图 7-18）。

根据中共东莞市委、东莞市人民政府发布《关于进一步加快我市水务改革发展的决

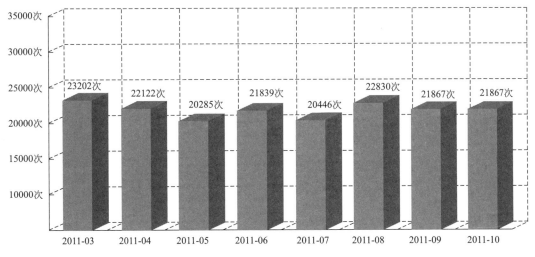

图 7-18　东莞市在线监测次数月统计图

定》（东委发〔2011〕17 号），2011 年 10 月 31 日，东莞市水务局发出《关于整合我市供水行业水质监测信息的通知》（东水务〔2011〕199 号）。由此，东莞市的城市供水水质在线监测网的建设进入有序发展中。截至 2012 年 5 月，实时数据采集网水质在线监测点达29 个。

7.4.3　东莞市示范应用技术总结

在东莞市城市供水水质监控网络建设中，应用了下列研究成果。

7.4.3.1　集成城市供水水质监测预警系统技术平台

研发的全国城市供水管理信息系统的数据采集模块、数据上报状况查询模块与相关研究成果，共同集成为东莞市城市供水水质监测预警系统技术平台。

7.4.3.2　在线监测网络信息共享

通过在城市供水企业已建在线监测点接入数采仪的方式，实现企业与政府监管的信息共享。

7.4.3.3　数据接口

东莞市城市供水水质监测预警系统技术平台与国家级城市供水水质监控平台的数据库为同构系统，应用接口软件实现了市级非实时数据向国家级数据中心的数据传输。

在东莞市级城市供水水质监测预警系统技术平台应用了水质数据 Excel 导入模板、水质日报与水量月报导入模板。

水质在线实时监测数据在市级平台存储为 SQL 关系型数据库，通过应用国家城市供水水质在线监测数据通信管理平台软件开发方提供的接口软件，实现了市级平台关系型数据库向国家级平台实时型数据库的同步传输。

参 考 文 献

[1]邵益生，杨敏，等．饮用水安全保障理论与技术研究进展．北京：中国建筑工业出版社，2019.

[2]邵益生，宋兰合，等．饮用水水质监测与预警技术．北京：中国建筑工业出版社，2018.

[3]中华人民共和国卫生部．生活饮用水卫生标准：GB 5749-2006．北京：中国标准出版社，2007：1-9.

[4]中华人民共和国建设部．城市供水水质标准：CJ/T 206-2005．北京：中国标准出版社，2005：1-7.

[5]国家技术监督局．地下水质量标准：GB/T 14848-93．北京：中国标准出版社，2017：1-20.

[6]建设部给水排水产品标准化技术委员会．城市污水再生利用　工业用水水质：GB/T 19923-2005．北京：中国标准出版社，2005：1-6.

[7]国家环境保护总局．地表水环境质量标准：GB3838-2002．北京：中国环境科学出版社，2002：1-9.

[8]世界卫生组织．饮用水水质准则．第 4 版，2011.

[9]中华人民共和国环境保护部．水污染物名称代码：HJ 525-2009．北京：中国环境科学出版社，2010：1-22.

[10]美国环境保护局．美国饮用水水质标准，2012.

[11]欧洲委员会．欧盟饮用水水质指令：98/83.

[12]美国环境保护局．美国 EPA 水环境中 129 中优先控制污染物名单．

[13]张晓健，李爽．消毒副产物总致癌风险的首要指标参数——卤乙酸．给水排水，2000(8).

[14]中华人民共和国建设部．城市建设统计指标解释：建综[2001]255 号．

[15]中国城镇供水排水协会．供水统计年鉴统计指标解释，2017.

[16]中国环境科学研究院．附件一　饮用水水源地编码方法//中国环境科学研究院．全国饮用水水源地环境保护规划编制技术大纲，2006.

[17]宋序彤．中国城市供水排水发展特征及对策．中国给水排水，2000，16(1)：21-25.

[18]林铎，陈玲，李立明，等．以信息技术带动市政管理现代化．城市管理与科技，2002，4(2)：1-3.

[19]钟名军，李兰，张俐，等．数字水环境管理系统和数字水质预警预报系统集成．中国农村水利水电，2005(12)：21.

[20]夏黄建．城市供水管网水质预警系统的研究．长沙：湖南大学，2008：1-2.

[21]乐林生，陈国光，康兰英，等．上海市城市管网水水质研究及对策措施//马军．饮用水安全保障技术与管理国际研讨会会议论文集．北京：中国建筑工业出版社，2005：243-248.

[22]张蕾．城市地下水水质水位预警的研究．天津：天津大学，2006：102.

[23]李天平．NET 深入体验与实战精要．北京：电子工业出版社，2009.

[24]项光宏，王静，韩双来．水质在线监测技术与自动化仪器研究进展．中国建设信息（水工业市场），2009，11：18-22.

[25]周友情．水污染源在线监测系统应用经验研讨．自动化博览，2010，1：23-27.

[26]王蓁，郝晓强，魏德宝．基于 WSN 和 GPRS 网络的远程水质监控系统．仪表技术与传感器，2010，

1：41-45.

[27]林兴杰，杨慧芬，宋存义．UV_{254} 在水质监测中应用的研究．能源与环境，2006，1：22-24.

[28]张锡辉，郑振华，欧阳二明，等．水源水质在线监测预警系统的建设．中国给水排水，2005，11：14-17.

[29]任宗明，饶凯锋，王子健．水质安全在线生物预警技术及研究进展．供水技术，2008，2(1)：5-7.

[30]郑振华，张锡辉，于宏旭．常规工艺对浊度的去除效率及浊度预警水平．中国给水排水，2006，22(15)：13-16.

[31]王丽伟，黄亮，郭正，等．水质自动监测站技术与应用指南．郑州：黄河水利出版社，2008.

[32]翟崇治，向洪．地表水水质自动监测系统概论．重庆：西南师范大学出版社，2006.

[33]李明，林毅，等．城镇供水排水水质监测管理．北京：中国建筑工业出版社，2009.

[34]中华人民共和国住房和城乡建设部．城镇供水厂运行、维护及安全技术规程：CJJ58-2009．北京：中国建筑工业出版社，2009.

[35]曲久辉．饮用水安全保障技术原理．北京：科学出版社，2007.

[36]张金松，尤作亮．安全饮用水保障技术．北京：中国建筑工业出版社，2008：19-173.

[37]赵志领，赵洪宾，高金良，等．天津市给水管网水质在线监测系统．中国给水排水，2008，24(23)：99-101。

[38]胡晓镭，孙国敏，黄俊．饮用水源地水质应急监测技术探析．华北水利水电学院学报，2009，30(1)：96-98.

[39]孙海林，李巨峰，朱媛媛．我国水质在线监测系统的发展与展望．中国环保产业，2009(3)：12-16.

[40]中华人民共和国住房和城乡建设部．城镇供水管理信息系统 供水水质指标分类与编码：CJ/T 474-2015．北京：中国标准出版社，2015.

[41]中华人民共和国住房和城乡建设部．城镇供水管理信息系统 基础信息分类与编码规则：CJ/T 541-2019．北京：中国标准出版社，2019.

[42]国家环境保护总局．污染源在线自动监控(监测)系统数据传输标准：HJ/T 212-2005．北京：中国环境科学出版社，2006.

[43]中华人民共和国国家质量监督检验检疫总局，中国国家标准化管理委员会．中华人民共和国行政区划代码：GB/T 2260-2007．北京：中国标准出版社，2008.

[44]国家质量监督检验检疫总局．县级以下行政区划代码编制规则：GB/T 10114-2003．北京：中国标准出版社，2004.

[45]中华人民共和国住房和城乡建设部．城镇供水服务：CJ/T 316-2009．北京：中国标准出版社，2010.

[46]中华人民共和国建设部．城市供水管网漏损控制及评定标准(附条文说明)：CJJ 92-2002．北京：中国建筑工业出版社，2002.